Wolfgang Held

Die Sonnenfinsternis
am 11. August 1999

Wolfgang Held

Die Sonnenfinsternis am 11. August 1999

Verlag Freies Geistesleben

Über den Autor: Wolfgang Held (34) studierte am Institut für Waldorfpädagogik Witten-Annen Pädagogik und Mathematik. Seit acht Jahren ist er Mitarbeiter der Mathematisch-Astronomischen Sektion am Goetheanum und betreut die Kepler-Sternwarte. Er ist Herausgeber des Sternenkalenders, als Wissenschaftsjournalist tätig und hält Kurse und Vorträge zu astronomischen und naturwissenschaftlichen Themen.
Der Autor dankt Georg Glöckler (Leiter der Mathematisch-Astronomischen Sektion) für seinen fachlichen Rat und seine Unterstützung.

Wichtige Hinweise zur Benutzung der Sonnen-Sicht-Brille. Vor Gebrauch bitte durchlesen!

- Niemals ohne die Sonnen-Sicht-Brille in die Sonne schauen, selbst wenn nur noch eine schmale Sichel sichtbar ist.
- Setzen Sie die Brille auf beide Augen.
- Gehen Sie behutsam mit der Brille um und überprüfen Sie vor Gebrauch die Filterfolie der Brille auf Kratzer und Löcher.
- Machen Sie eine beschädigte Brille sofort unbrauchbar.
- Die Brille nicht für den Blick durch ein Teleskop, Fernglas oder einen Photoapparat verwenden, dazu ist der Filter zu schwach.
- Die Brille eignet sich nicht zum Spielen für Kinder.
- Verwenden Sie die Brille nicht als Filter für Schweißarbeiten, Laserlicht und anderen technischen Lichtquellen.

Alle Zeitangaben in mitteleuropäischer Sommerzeit.

ISBN 3-7725-1853-2
4. Auflage 1999
Verlag Freies Geistesleben, Landhausstraße 82, 70190 Stuttgart
Internet: www.geistesleben.com
© 1999 Verlag Freies Geistesleben und Urachhaus GmbH, Stuttgart
Einband: Thomas Neuerer
Graphiken: Wolfgang Held
Gesamtherstellung: Clausen & Bosse, Leck

Inhalt

Das Wunder einer Sonnenfinsternis 7

Die Sonnenfinsternis vom 11. August 1999 11

Die Beobachtung der Finsternis 16
    Der geeignete Beobachtungsort 16
    Ruhe für das Himmelsschauspiel 16
    Die Dramatik des Finsternisverlaufs 17
    Schutz der Augen 19

Der Sternenhimmel zur Zeit der Finsternis 22

Das Wetter 23

Wie kommt es zu einer Sonnenfinsternis? 25
    Der Lauf von Mond und Erde 25
    Das Entstehen einer Sonnenfinsternis 26
    Die Neigung der Mondbahn 27
    Die Wanderung der Knotenlinie 28
    Saroszyklen – die 42 Finsternisfamilien 29
    Europäische totale Finsternisse in diesem Jahrhundert 31

Die drei Kreuzstellungen zum Jahrhundertende 32
    Das Planeten-Kreuz der Weihnacht 1996 32
    Das Kometen-Osterkreuz 1996/97 33
    Das Konstellationskreuz zur Finsternis und die
    apokalyptischen Tiere 34
    Finsternisse: Abdämpfung des Lebendigen
    und Freiwerden des Geistigen 41

Der Charakter von Sonne und Mond und ihre Beziehung
zum Menschen 45
    Die Sonne 45
    Der Mond 46
    Mondenrhythmen in biologischen und seelischen Rhythmen des
    Menschen 48
    Der Mensch – ein «Sonnen»- Wesen 52

Die totale Sonnenfinsternis vom 19. Juli 1936, *Elisabeth Vreede* .. 54

Die Sonnenfinsternis am 8. Juli 1842, *Adalbert Stifter* 63

Tabellen 72
    Verlauf der Sonnenfinsternis innerhalb der Totalitätszone 72
    Verlauf der Sonnenfinsternis außerhalb der Totalitätszone 75

Literatur 78

Das Wunder einer Sonnenfinsternis

*Es gibt Dinge, die man fünfzig Jahre weiß, und im
einundfünfzigsten erstaunt man über die Schwere
und Furchtbarkeit ihres Inhaltes. So ist es mir mit
der totalen Sonnenfinsternis ergangen, welche wir
in Wien am 8. Juli 1842 in den frühesten Morgen-
stunden bei dem günstigsten Himmel erlebten ...
Nie und nie in meinem ganzen Leben war ich so
erschüttert, von Schauer und Erhabenheit so erschüttert, wie in diesen zwei Minuten, es war nicht
anders, als hätte Gott auf einmal ein deutliches
Wort gesprochen und ich hätte es verstanden.*

Adalbert Stifter

Sturm auf See sowie Erdbeben und Vulkanausbrüche sind
wohl die einzigen Naturerscheinungen, welche den Menschen
ebenso ergreifen und ihm unvergessen bleiben wie der Anblick
einer totalen Sonnenfinsternis, und das, obwohl von dieser keine Bedrohung ausgeht. Lange vorausberechnet und angekün-
digt, vollzieht sich das Himmelsschauspiel, und dennoch ist
man erschrocken und tief berührt von der lautlosen Gewaltig-
keit der Sonnenverdunklung und wird selbst wohl ebenso still
und sprachlos wie die Natur um einen herum: Die Lebewesen
verstummen, wenn sich die grünlich-graue Finsternis des
Kernschattens des Mondes auf die Landschaft legt und der
Himmel so dunkel wird, daß Planeten und helle Sterne am
Tage sichtbar werden.

Schwer sind die starken und wechselnden Gefühle zu beschreiben, die eine Sonnenfinsternis im Menschen hervorruft.
Zwei herausragende Beispiele seien in diesem Buch aufgenommen: der Bericht der letzten sichtbaren Sonnenfinsternis im
deutschsprachigen Raum von Adalbert Stifter und die Schilderung von Elisabeth Vreede – sie beobachtete die totale Finsternis von 1936 in der Türkei.

Daß in früheren Zeiten die Menschen von Angst und Schrek-

Ein letztes Aufblitzen
der Sonne ...

... bis schließlich
die Sonnenkorona
sich entfaltet.

Photo auf S.9:
Eindrucksvoll hebt sich
während der Finsternis
das Weiß der Sonnen-
korona vom dumpfen
gelb-grünlichen
Himmelslicht ab.

ken erfüllt wurden durch eine Sonnenfinsternis ist uns verständlich, denn beispielsweise im alten Griechenland konnten
nur wenige Gebildete die astronomischen Umstände, die zu
einer Finsternis führen, verstehen. Der «Raub» des Sonnenlichtes durch den Mond stellte plötzlich die Güte und Göttlichkeit,
die man damals in der Sonne im religiösen Empfinden erlebte,
in Frage. Der Mond wird zu einem Drachen, zu einem Fenris-
wolf, der die Sonne verschlingen will, so dachten viele alte
Kulturen über die Finsternis. Doch warum ergreift sie uns
heute, wo jedem die astronomischen Einzelheiten mehr oder
weniger bekannt sind, wo alles erklärt werden kann, ebenso
stark?

Weil, vergleichbar einem Erdbeben, wo mit einem Schlag der
gewohnte sichere Grund in Frage gestellt wird, nun die Selbst-
verständlichkeit, daß die Sonne bei Tag die Erde bescheint, für
kurze Zeit nicht mehr gilt. Es wird für kurze Zeit nicht einfach
Nacht. Es ist nicht die Dunkelheit, die man von der Nacht
kennt, die bei einer Sonnenfinsternis entsteht, sie hat nichts
von der romantischen Stimmung einer schönen Abenddämmerung. Sie ist grünlich, fahl und wirkt seltsam beklemmend,
wobei der nun sichtbare schleierartige Strahlenkranz der
Sonnenkorona majestätisch über dieser finsteren Stimmung
thront.

Direkt vor Eintritt der totalen Finsternis ist für kurze Zeit die
rötliche, flammenartige dünne Schicht der Sonne, die sogenannte Chromosphäre, zu sehen.

Sonnenstrahlen, die durch die Täler des Mondes noch ihren
Weg zur Erde finden, bilden das letzte Aufleuchten des Tagesgestirns, bis schließlich die Finsternis eintritt und den grandio-
sen Strahlengranz der Sonnenkorona sichtbar werden läßt.

Lautlos entfaltet sich die Sonnenkorona, während gleichzeitig der Himmel seine Bläue verliert und eine eigenartige graue
Dämmerfarbe annimmt.

Es gibt wohl kaum etwas Schwärzeres als die Schattenseite des Mondes vor dem Strahlenkranz der Sonnenkorona, dessen feine Struktur eine Kamera kaum einfangen kann.

Die Sonnenfinsternis vom 11. August 1999

Am 11. August in der Mittagszeit, wenn die Sonne hoch am Sommerhimmel steht, ereignet sich über Mitteleuropa die totale Sonnenfinsternis. Es ist die letzte in diesem Jahrhundert. Für etwa zwei Minuten wird die Landschaft in fahles Dämmerlicht getaucht werden, und vor der Sonne steht pechschwarz die Scheibe des Mondes. Die letzte Finsternis, deren zentraler Schatten über Deutschland verlief, fand im Jahr 1887 statt, konnte aber wegen schlechten Wetters damals nicht beobachtet werden. Die nächste über Süddeutschland sichtbare wird erst am 3. 9. 2081 sein.

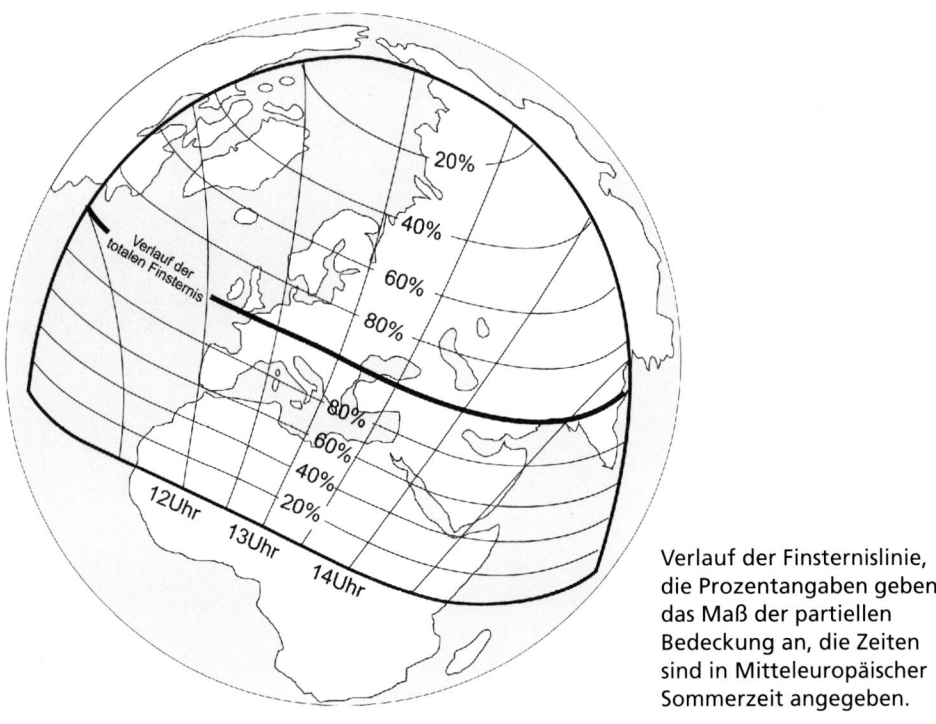

Verlauf der Finsternislinie, die Prozentangaben geben das Maß der partiellen Bedeckung an, die Zeiten sind in Mitteleuropäischer Sommerzeit angegeben.

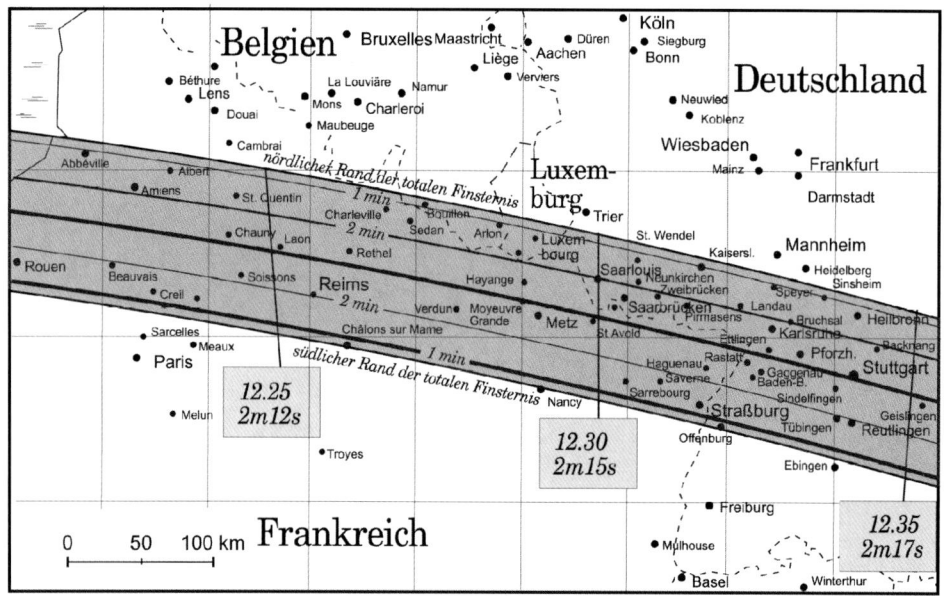

Verlauf der Finsternis-
linie über Frankreich
und Deutschland

Die Abbildung gibt einen Überblick über den Verlauf der 14 000 Kilometer langen und bis zu 112 Kilometer breiten Schattenlinie der totalen Verfinsterung.

Zuerst erreicht der Schatten die amerikanische Ostküste um 11.31 Uhr, wobei der Korridor der totalen Finsternis nur 49km Breite besitzt. In etwas mehr als einer halben Stunde eilt der Schatten über den Atlantik und hat, wenn er die englische Küste erreicht, bereits die Breite von 103 km gewonnen. Mit der wachsenden Breite der Totalitätszone nimmt auch die Dauer der Finsternis zu: während im Westatlantik die Finsternis maximal 47 Sekunden dauert, ist sie an der Südspitze Englands um 12.10 Uhr bereits 2 Minuten lang zu sehen. Wenige Minuten später erreicht der rasch ziehende Kernschatten der Finsternis Frankreich und wird um 12.23 Uhr etwas nördlich an Paris vorbeiwandern. Bereits zehn Minuten später überschreitet der Zentralschatten die französisch-deutsche Grenze und eilt quer über Süddeutschland hinweg. Von den Städten Pforz-

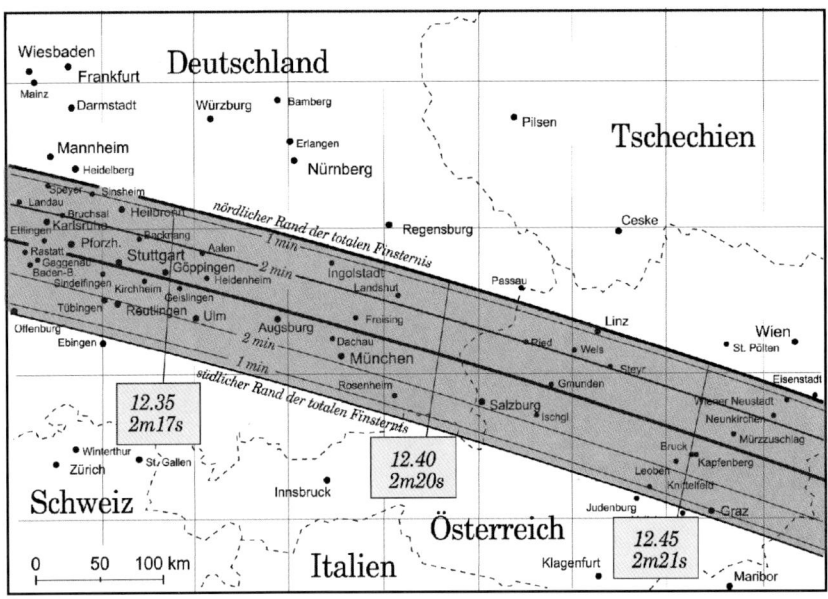

heim, Stuttgart, Göppingen, Ulm Augsburg, München und In-
golstadt wird man die totale Finsternis der Sonne sehen können. Kaiserslautern und Offenburg liegen genau auf den Gren-
zen, und von Mannheim oder Regensburg wird der Mond eine
sehr schmale Sichel der Sonne unbedeckt lassen. Stuttgart liegt
als einzige deutsche Großstadt genau in der zentralen Finsternislinie. Für 2 Minuten 17 Sekunden wird dort die Finsternis ab
12.34 Uhr andauern. Da München etwas südlich der Zentrallinie liegt, wird dort die Finsternis nur 2 Minuten 4 Sekunden
betragen und wie in Stuttgart das gesamte Großstadtleben,
dessen Straßenverkehr und Geschäftreiben für kurze Zeit in
spannungsvolle Ruhe bringen. 8 Minuten, nachdem der
Mondschatten von Westen heraneilend Deutschland erreicht
hat, überschreitet er mit seiner Geschwindigkeit von über
2600 km/h die deutsch-österreichische Grenze. Salzburg, Steyr
und Graz werden kurz hintereinander ins Dunkel getaucht, bis
der Schatten um 12.48 Uhr Ungarn erreicht. In der Nähe der

Verlauf der Finsternis-
linie über Deutschland
und Österreich

Uhrzeit:	11.45	12.00	12.15	12.25	Max.	12.35	12.45	13.00	13.15
Hamburg									
Hannover									
Dortmund									
Köln									
Frankfurt									
Mannheim									
Freiburg									
Basel, Zürich									
Genf, Bern									

Verlauf der Sonnenfinsternis an Orten außerhalb der zentralen Finsternislinie. Die genaue Zeit der Maximalen Abschattung ist auf der Tabelle auf Seite 75 aufgelistet.

rumänischen Hauptstadt Bukarest wird die Finsternis mit 2 Minuten 23 Sekunden ihre maximale Dauer erreichen, und auch der Schatten erreicht mit 112 km Breite seine größte Ausdehnung. Er zieht weiter über das Schwarze Meer, die Türkei, den Irak und den Iran und nimmt dabei eine Geschwindigkeit von über 7000 km/h an. Über Indien wächst die Geschwindig-

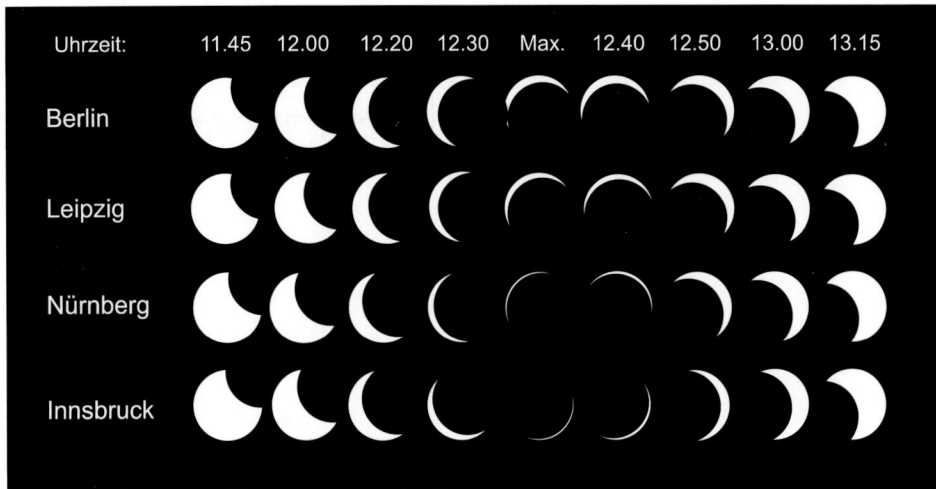

keit des Mondschattens weiter, bis er schließlich östlich des indischen Subkontinents im Golf von Bengalen die Erde verläßt und in den leeren Raum des Kosmos fällt.

Befindet man sich nördlich oder südlich der zentralen Finsternislinie, so ist vom entsprechenden Beobachtungsort nur eine partielle Finsternis zu sehen. Der Mond läßt eine mehr oder wenige schmale Sichel der Sonne unbedeckt. Auch dieser Anblick ist überaus beeindruckend, und dennoch reicht er bei weitem nicht an das Erlebnis der totalen Sonnenfinsternis heran. Denn selbst in Freiburg, von wo aus 98,8% der Sonnenscheibe abgeschattet werden, verbreiten die verbleibenden 1,2% der Sonne so viel Licht, daß weder Sterne und Planeten noch die Sonnenkorona zu sehen sind.

Verlauf der Sonnenfinsternis an Orten außerhalb der zentralen Finsternislinie. Die genaue Zeit der Maximalen Abschattung ist auf der Tabelle auf Seite 75 aufgelistet.

Die Beobachtung der Finsternis

Der geeignete Beobachtungsort

Für die Beobachtung der Finsternis sollte man sich, sofern es möglich ist, innerhalb der Kernschattenlinie aufhalten, da die totale Verfinsternung der Sonne ungleich spektakulärer ist als die partielle weiter südlich bzw. nördlich dieses Schattenkorridors. Wer mit dem Auto von Norden oder Süden in das Finsternisgebiet anreist, sollte mögliche Staus auf den Hauptrouten miteinberechnen.

Obwohl die totale Finsternis über zwei Minuten dauert, scheint sie rasend schnell vorbeizugehen. Deshalb sollte man höchstens 25 km von der Zentrallinie entfernt sein, da bei größerer Entfernung die Finsternisdauer schnell abnimmt (siehe Abb. S. 12 und 13). Man sollte sich einen Ort wählen, der einen freien Blick zum Horizont, vor allem zum westlichen, erlaubt, wobei eine Anhöhe am besten ist, von der aus man die westliche Landschaft überblicken kann. In dieser Perspektive kann man, während vom eigenen Standort der Mond noch ein Stück der Sonne unbedeckt läßt, bereits am westlichen Horizont das beeindruckende Herannahen der Finsternis beobachten. Eine eigentümliche Dunkelheit, wie bei einem entfernten Gewitter, schiebt sich, von Westen kommend, immer schneller auf einen zu.

Ruhe für das Himmelsschauspiel

Um die vielfältigen Himmelserscheinungen der Finsternis aufmerksam beobachten zu können und auch um wahrzunehmen, wie die Natur auf dies Himmelschauspiel antwortet, ist es hilfreich, wenn der ausgesuchte Ort genug Stille besitzt. In den Städten, über die die Finsternis streicht, werden zwar vielfältige Veranstaltungen stattfinden. Es werden wahrscheinlich große Projektionswände aufgebaut, auf denen das Herannahen der Finsternis übertragen und über Lautsprecheransagen kommentiert wird. Aber für die Finsternis empfiehlt sich ein ruhiger Platz ohne Ablenkung, möglichst in der Natur. Befindet man sich in einer Gruppe von Menschen, so werden erfahrungsgemäß die Gespräche vor Beginn der Totalität verstummen, und man kann sich den gewaltigen Eindrücken überlassen.

Die Dramatik des Finsternisverlaufs

Der Beginn der Finsternis, wenn sich der Mond langsam über die Sonnenscheibe schiebt, ist nur mit dem durch Filter geschützten Auge zu sehen (siehe Hinweise auf Seite 19). Die Umgebung verliert noch nicht an Helligkeit, selbst wenn über 50% der Sonne abgeschattet ist, da das Auge durch Adaption den schwindenden Lichteinfall ausgleicht.

Die letzten fünf Minuten vor der Verdeckung wird es dramatisch: Der Himmel nimmt, ganz anders als bei Wolkenbedeckung oder normaler Dämmerung, eine unbeschreiblich grünlich-fahle Färbung an, die, so die zahlreichen Berichte, bei jeder Finsternis etwas anders aussieht. Am westlichen Horizont kann man die wolkenartig sich ausbreitende Dunkelheit ausmachen. Es ist der Mondschatten, der mit einer Geschwindigkeit von etwa 1 km pro Sekunde auf den Beobachter zueilt. Gleichzeitig beginnt es kühler zu werden, und wahrscheinlich kommen mögliche Winde zur Ruhe. Wenige Sekunden vor der

Das Finsternisgeschehen in fünfminutigem Intervall festgehalten.

Links ist das letzte Aufglimmen des Sonnenlichtes, das Diamentenlicht, zu sehen, rechts strahlt die während der totalen Finsternis sichtbare Sonnenkorona.

vollen Bedeckung fallen letzte Lichtstrahlen der Sonne durch Täler auf dem Mond. Die äußerste Sonnensichel kann dann wie eine Perlenschnur aussehen und in dem sogenannten Diamantenlicht aufblitzen, bevor die Sonnenkorona sichtbar wird. Wenige Minuten vor der totalen Verfinsterung können eigenartige, schnell huschende Schatten, die sogenannten Fliegenden Schatten, auf hellen Flächen sichtbar werden. Die Geschwindigkeit dieser etwa handbreiten, rätselhaften dunklen Bänder nimmt bis zur totalen Finsternis zu. Nach dem Verschwinden des letzten Sonnenlichtes, das durch die Mondtäler noch den Weg zur Erde findet, ist für wenige Sekunden die rosa Chronosphäre, eine die Sonne umgebende dünne Lichthülle, zu sehen, bis der Mond auch sie bedeckt. Da im Jahr 2000 die Sonnenflecken in ihrem elfjährigen Zyklus ihr Maximum haben, ist ferner mit den mit den Flecken verbundenen hellroten Sonnenauswürfen (Protuberanzen) zu rechnen.

Nun breitet sich Dunkelheit, vergleichbar hell einer Vollmondnacht, über die Landschaft. Doch diese Dunkelheit besitzt eine völlig andere Qualität als diejenige der Nacht: Während die abendliche Dämmerung mit dem Aufglimmen der ersten Sterne das Gefühlsleben des Menschen zum Sternenhimmel hebt, die Seele weitet, scheint die Dunkelheit der Sonnenfinsternis auf den Menschen wie eine immaterielle Last zu drücken. Die Vögel verstummen, einige Blüten schließen sich.

Der gesamte Horizont besitzt einen ausgeprägten, zauberhaften orange-roten Dämmerungssaum. Alle Erscheinungen dominiert die nun sichtbare Sonnenkorona, ein weißer Strahlenkranz, mit einem hellen inneren Teil und einem sich im weiteren Umkreis der Sonne verlierenden schwächeren äußeren Teil. Mit dem Auge sieht man weitaus mehr von den bogenartigen Strukturen dieser «Sonnenatmosphäre», «der Sonne außerhalb der Sonne», als dies Photographien festhalten können; der Helligkeitsunterschied der inneren und äußeren Korona überfordert die Kamera.

Viel zu schnell blitzt auf der rechten Seite des Mondschattens nach 2 Minuten wieder das Diamantenlicht auf, und bald darauf gibt der Mond eine zarte Sonnensichel wieder frei. Dabei verlaufen nun die Erscheinungen in umgekehrter Reihenfolge, allerdings ohne die beklemmende Dramatik vor der Totalität: Wieder sind die Fliegenden Schatten zu beobachten, und der Mondschatten über der Landschaft weicht mit großer Geschwindigkeit nach Osten, die Natur findet ihr Leben wieder. Zügig hellt die Umgebung wieder auf. Auch die Temperatur, die durchaus um 7° fallen kann, steigt wieder.

Schutz der Augen

Während der partiellen Phase darf die Sonne nur mit dem geschützten Auge angeschaut werden, es drohen sonst Netzhautverbrennungen. Normalerweise schützen die Augenlider vor zuviel Sonnenlicht, indem man blinzelt. Bei konzentrierter Beobachtung der Finsternis ist dieser Reflex allerdings geschwächt. Selbst wenn nur noch eine schmale Sichel der Sonne zu sehen ist, dringt zu viel Licht und Wärme in das Auge, und es können Verbrennungen auf der Netzhaut entstehen. Der Eindruck des schwachen Lichtscheins der verbleibenden Sonnensichel täuscht. Da die Netzhaut keine Schmerzempfindung vermittelt, wird man nicht vor bleibenden Sehschäden gewarnt, die ihrerseits auch erst einige Stunden später auftreten. Als Filter eignen sich am besten die dem Buch beigefügte

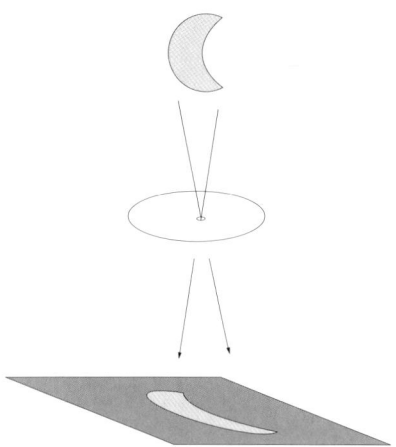

Die Sonnensichel wird über eine Pappe mit einer Blende auf eine ebene Fläche projiziert. Das Bild zeigt zwar keine Details der Sonnenoberfläche, aber es ist eine praktische Möglichkeit, ohne Aufwand das Bild der Sonne gefahrlos anzuschauen.

Bauweise einer Camera obscura zur Projektion der Sonnensichel auf eine Mattscheibe.

Sonnen-Sicht-Brille aus aluminiumbedampfter Mylarfolie oder Schweißfilterglas. Berußte Glasscheiben sowie belichtete und entwickelte Negativfilme dämpfen zwar ausreichend das sichtbare Sonnenlicht, aber nicht die UV-Strahlung und Wärmestrahlung der Sonne, weshalb sie nicht risikolos sind. Dies gilt auf für die CD-Scheiben. Nimmt man ein Teleskop oder Fernglas für die Beobachtung, so muß eine entsprechende Mylar-Folie *vor* dem Instrument sicher angebracht werden, nicht zwischen Auge und Objektiv. Halten sich Kinder im Umkreis auf, so muß das Fernrohr ständig beaufsichtigt werden, solange es auf die Sonne gerichtet ist. Während der Zeitspanne der totalen Finsternis verwendet man natürlich keinen Filter.

Eine weitere Möglichkeit der Beobachtung der Sonnensichel ist die Projektion. Ohne Filter läßt man das Sonnenlicht über einen Feldstecher auf einem Stativ auf ein weißes Blatt werfen. Statt eines Fernglases kann selbst eine Pappe verwendet werden, in deren Mitte man ein kleines Loch sticht.

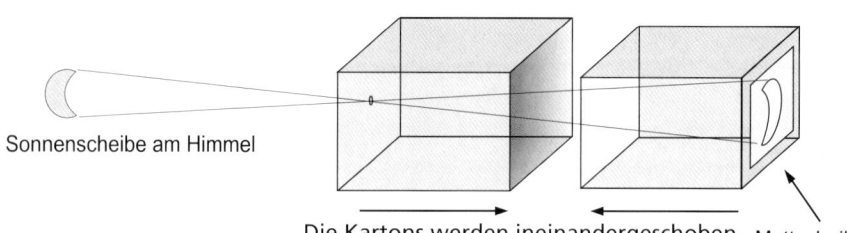

Sonnenscheibe am Himmel

Die Kartons werden ineinandergeschoben, bis das Bild auf der Mattscheibe scharf ist.

Mattscheibe

Sonnensicheln im
Schatten eines Baumes,
aufgefangen auf einem
Papierblatt
(Finsternis 1983,
Photo Hans Roth)

Eine einfache, aber etwas komfortablere Projektion ergibt sich durch den Bau einer *Camera obscura*: man nimmt zwei Schachteln, wobei eine etwas größer ist, so daß sie sich (nach Entfernen der Stirnflächen) längsseits ineinanderschieben lassen. An einem Ende bohrt man nun ein kleines Loch, am anderen schneidet man die Pappe weg und ersetzt sie durch Butterbrotpapier als Mattscheibe.

In der Natur findet diese Projektionsart millionenfach statt: Blickt man beispielsweise auf den Schattenwurf eines Laubbaumes, so sind oft hunderte sich überlagernder Sonnensicheln am Boden zu sehen: durch die zahllosen Spalten zwischen den einzelnen Blättern bildet sich, wie bei der Lochscheibe, die Sonnenscheibe ab.

Der Sternenhimmel zur Zeit der Finsternis

Während der totalen Finsternis wird es so dunkel wie in einer Vollmondnacht. Deshalb sind die Planeten und helle Sterne zu sehen. Links der Sonne werden Venus, vielleicht Regulus zu sehen sein, rechts Merkur, Prokyon und Sirius, möglicherweise auch Castor und Pollux. Die Sternenkarte wie auch die Himmelsrichtungen auf dem Gelände sollte man sich vor der Finsternis einprägen, da beim eigentlichen Geschehen keine Zeit dafür ist.

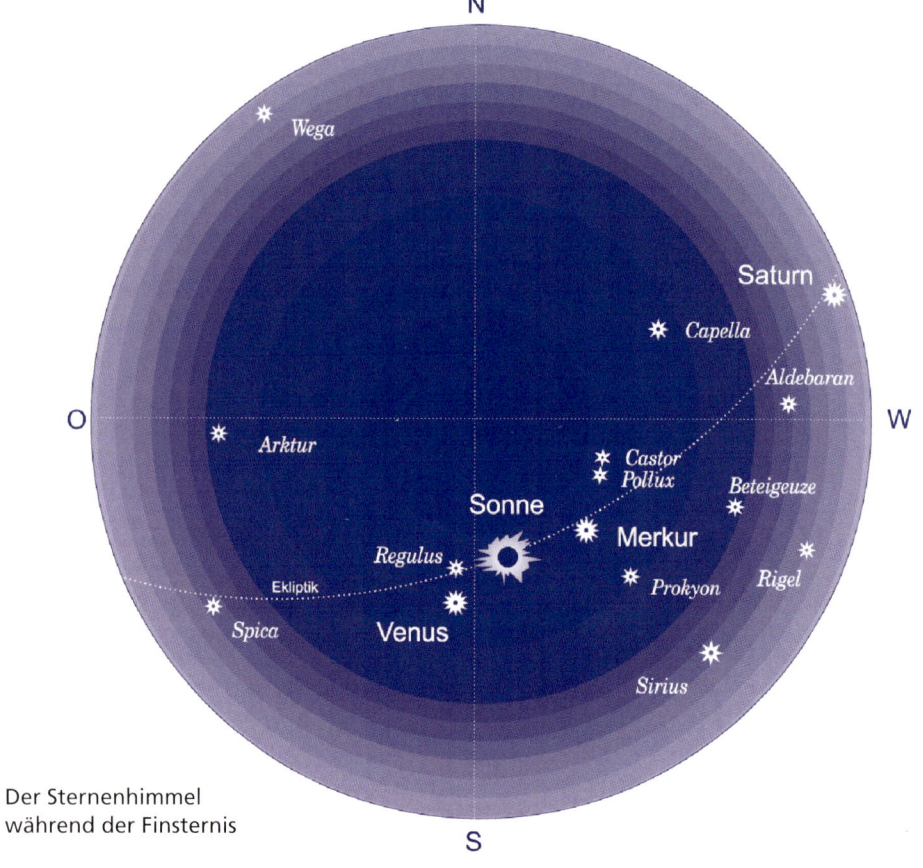

Der Sternenhimmel
während der Finsternis

Das Wetter

Das Wetter über Mitteleuropa ist im August durch wechselhaf-
te Westwinde geprägt, die oft Bewölkung verursachen. Im
langjährigen Mittel ist über Ostfrankreich, Deutschland und
Österreich etwa mit einer Wahrscheinlichkeit von 50–70% klarer Himmel am Finsternistag. Man kann also guter Hoffnung
sein, die Finsternis «ungetrübt» beobachten zu können, im Gegensatz zur französischen Küste und England, wo die Wahrscheinlichkeit eines klaren Himmels deutlich geringer ist. Innerhalb Deutschlands ist zwar die Niederschlagsmenge lokal
sehr verschieden, dies gilt aber weniger für den Grad der Bewölkung. Da die Finsternis um die Mittagszeit stattfindet, werden weder Nebel noch Dunst den Blick stören. Auch die im
Sommer oft vorkommenden feinen hohen Zirruswolken stören
die Beobachtung nicht sehr, da die Sonne während der Finsternis hoch steht und man deshalb beinahe senkrecht durch diese
dünne Wolkenschicht durchschaut.

An höheren Bergen, wie den Alpen oder dem Schwarzwald,
können sich an den Hängen sommerliche Quellwolken bilden,
weshalb ein Standort im Flachland zu bevorzugen ist. Die Wet-
terstatistik für den August gibt die besten Chancen auf klare
Sicht in Deutschland für die Rheinebene bei Karlsruhe, die Ge-
gend nördlich und südlich von Stuttgart sowie zwischen Ulm
und München an. Zum Alpenvorland hin wie auch der Fränki-
schen Alp und dem Schwarzwald ist dagegen eher mit Bewölkung zu rechnen.

Etwa fünf Tage vor der Finsternis werden recht verläßliche
Wetterprognosen feststehen. Sollte beispielsweise ein Hoch-
druckgebiet nördlich der Azoren stehen, so ist mit klarem

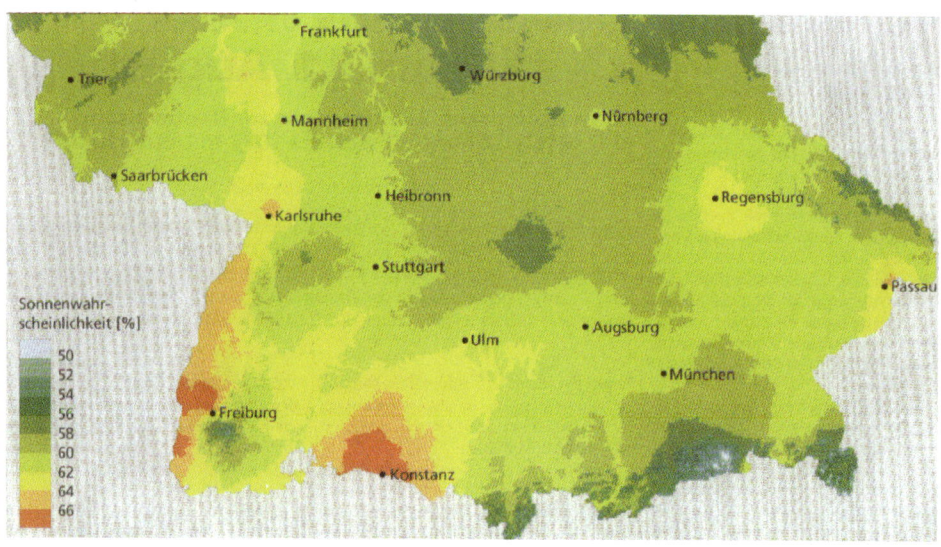

Die Abbildung zeigt die Wahrscheinlichkeit eines klaren Himmels für Süddeutschland im August zwischen 11.30 und 12.30 Sommerzeit.
(Aus: SuW 35, 672 [8-9/1996]; Graphik: G. Müller-Westermeier, AMQ)

Himmel zu rechnen. Vielleicht wird man kurzfristig den geplanten Beobachtungsort verlegen müssen. Wohl selten wird den Äußerungen der Meteorologen so viel Ohr geschenkt wie in den ersten Augusttagen. Sollte entgegen aller Hoffnung der Himmel bedeckt sein und es unter Umständen sogar regnen, so lohnt es sich dennoch abzuwarten. Denn es ist in der Vergangenheit öfters vorgekommen, daß kurz vor der totalen Finsternis die Wolken sich plötzlich lichten. Sollte dies nicht der Fall sein, so bleibt tatsächlich nichts anderes, als sich in Positivität zu üben und alle Aufmerksamkeit auf die umgebende Natur zu lenken, denn auch eine Finsternis durch Wolken ist eine Finsternis. Viele Astronomen werden bei schlechten Wetterprognosen wohl eine Reise beispielsweise in die Osttürkei auf sich nehmen, denn dort ist ein klarer Himmel sehr wahrscheinlich.

Wie kommt es zu einer Sonnenfinsternis?

Der Lauf von Mond und Erde

Die verschiedenen Phasen des Mondes entstehen durch die Wanderung des Trabanten um die Erde. Steht der Mond bei der Sonne, ist Neumond, hält er sich im rechten Winkel zur Sonne auf, ist ab- oder zunehmender Halbmond, und mit Vollmond ist seine Position gegenüber der Sonne gemeint. Im Altertum allerdings wurde die schmale Mondsichel als «Neumond» bezeichnet, wenn der Mond als *neuer* Mond erstmals wieder am Abendhimmel zu sehen ist. Die römischen Priester riefen beim Anblick des Neuen Mondes den neuen Monat aus. Unser Wort Kalender errinnert noch daran, denn *calere* bedeutet im Deutschen *ausrufen*. Insofern müßte der *Neumond* eigentlich *Nichtmond* heißen.

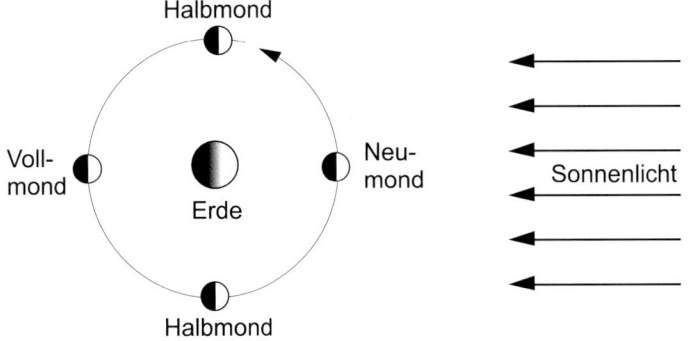

Der Wechsel der Mondphasen durch die Wanderung des Mondes um die Erde.

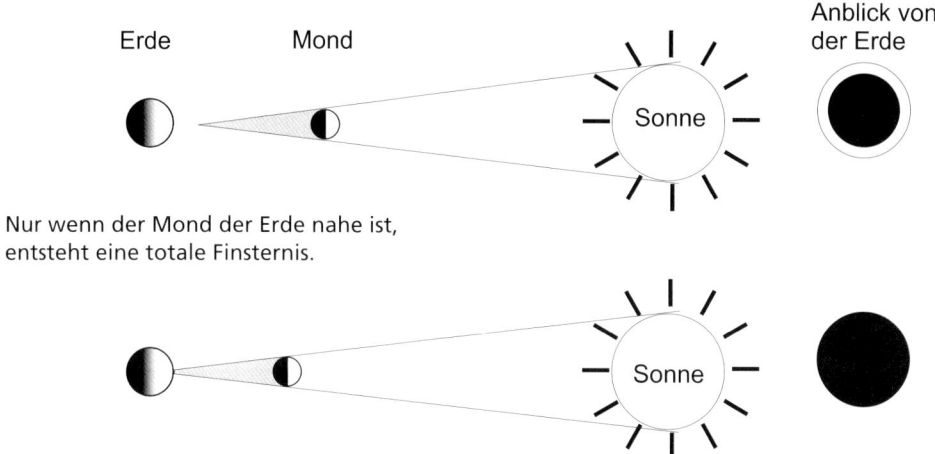

Nur wenn der Mond der Erde nahe ist,
entsteht eine totale Finsternis.

Das Entstehen einer Sonnenfinsternis

Es gehört zu den Rätseln des Planetensystems, daß Sonne und
Mond Übereinstimmungen zeigen, die kaum Zufall sein können: Es ist schon erstaunlich, daß der Mond mit 29,5 Tagen von
Vollmond zu Vollmond die gleiche Zeit braucht, wie die Sonne
durchschnittlich für eine Drehung um ihre Achse benötigt. Der
Mond spiegelt somit nicht nur das Licht der Sonne, sondern
auch deren Eigenbewegung. Eine andere Übereinstimmung
von Sonne und Mond liegt in deren Größe am Himmel: Obwohl die Sonne 400 mal größer ist als der Mond, erscheinen
beide von der Erde aus betrachtet gleich groß, das heißt der
Mond ist uns ebenso 400mal näher als die Sonne. Doch dieser
Abstand schwankt leicht durch die elliptische Bahn des Mondes um die Erde. Deshalb führen nicht alle Finsternisse zu einer totalen Abdeckung der Sonne, es gibt auch ringförmige
Finsternisse.

   In der oberen Skizze ist der Mond weiter entfernt von der
Erde, so daß sein Kernschatten die Erde nicht erreicht. Es entsteht eine ringförmige Sonnenfinsternis. In der unteren Skizze
fällt der Kernschatten auf die Erde, so daß es zu einer totalen
Abschattung der Sonne durch den Mond kommt.

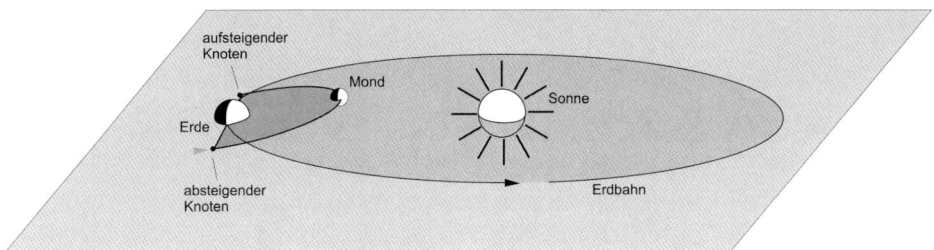

Gegenüber der Eklip-
tik ist die Bahn des
Mondes leicht geneigt,
so daß beispielsweise
der Neumond über
der Sonne steht.

Die Neigung der Mondbahn

Eine Sonnenfinsternis entsteht also, wenn der Schatten des
Mondes auf die Erde fällt. Doch warum geschieht dies nicht bei
jedem Neumond, warum ist nicht jeden Monat eine Sonnenfinsternis? Der Grund liegt in der gegenüber der Erdbahn geneig-
ten Bahn des Mondes. Durch die Schiefe seiner Bahn kann er
als Neumond, von der Erde aus betrachtet, auch oberhalb der
Sonne stehen. Dann fällt sein Schatten nicht auf die Erde, sondern geht über der Erde hinweg.

Damit eine Sonnenfinsternis zustande kommt, muß Neumond sein, und zugleich muß der Mond sich auf gleicher
«Höhe» wie die Erde und die Sonne befinden, er muß in seinem Lauf die Ebene der Erdbahn, die sogenannte Ekliptik, gerade durchstoßen (siehe Abbildung). Diese gegenüberliegen-
den Durchstoßpunkte der Mondbahn nennt man die Knoten
der Mondbahn. Eine Finsternis kann also nur eintreten, wenn
der Mond entweder am absteigenden oder am aufsteigenden
Knoten sich aufhält.

Am 11. August befindet sich der Neumond in seinem aufsteigenden Knoten, so daß Erde, Mond und Sonne in einer Linie
stehen – aber nicht exakt: der Mond erreicht um 3.55 Uhr seinen Knoten und wandert nun für zwei Wochen oberhalb der
Ekliptik, um sie dann erneut in seinem absteigenden Knoten

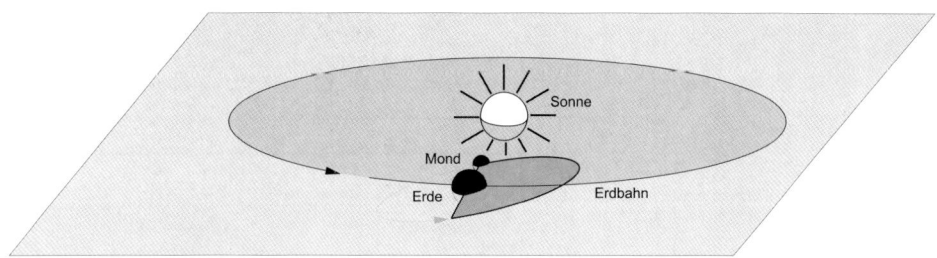

Nur wenn die Schnittlinie von Mond- und Sonnenebene auf die Sonne zeigt, kann eine Finsternis entstehen.

zu durchstoßen und unterhalb von ihr weiterzuziehen. Nun ist der Neumond nicht um 3.55 Uhr, sondern erst um 13.08 Uhr. Dieser zeitliche Abstand ist für eine totale Sonnenfinsternis, die von der Erde aus noch gesehen werden kann, ausreichend gering. Aber weil der Mond seinen aufsteigenden Knoten bereits durchschritten hat, wenn Neumond ist, steht er zum Zeitpunkt der Finsternis oberhalb der Ekliptik, und sein Schatten fällt deshalb in nördliche Breiten der Erdkugel.

Die Wanderung der Knotenlinie

Es ist ein typisches Phänomen im Planetensystem, daß es zu beinahe jeder Bewegung eine ausgleichende Gegenbewegung gibt. So entsteht im Planetensystem ein ganzer Kanon von sich gegenseitig stützenden Umläufen. Dies gilt auch für den Mond: Während der Mond in seinem Umlauf um die Erde gegen den Uhrzeigersinn wandert, bewegen sich die Knotenpunkte dazu entgegengesetzt mit dem Uhrzeigersinn. Die Bahnebene des Mondes verhält sich deshalb wie ein Teller, den man schief auf einen Tisch setzt und der sich in einer torkelnden Bewegung dreht.

Pro Jahr wandern die Knoten des Mondes um etwa 20°, so daß eine Sonnenfinsternis im kommenden Jahr bereits am 1. Juli, sechs Wochen früher als dieses Jahr, stattfindet. Entsprechendes gilt für die Finsternisse am absteigenden Knoten: Dieses Jahr fand sie am 11. Februar statt, und im Jahr 2000 wird sie am 21. Januar sich ereignen.

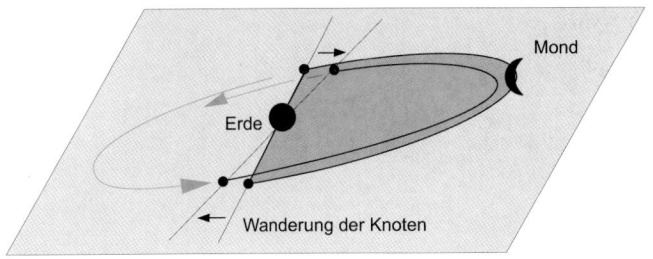

Die Ebene der Mond-
bahn dreht sich, so
daß sich die Knoten-
linie im Uhrzeigersinn
dreht.

Saroszyklen – die 42 Finsternisfamilien

Erst nach 18 Jahren, 10 Tagen und 8 Stunden, dem sogenannten Saroszyklus, hat sich die Knotenlinie fast einmal herumgedreht, und es treten die Verhältnisse, die zu einer Sonnenfinsternis führen, fast identisch wieder ein. Es kommt zu einer neuen Finsternis dieses Zyklus. Durch die 8 Stunden Verschiebung wird sich die Erde aber um 1/3 gedreht haben, so daß dann ein anderes Gebiet von der Dunkelzone bestrichen wird. Erst die vierte Finsternis im Zyklus nach 54 Jahren und 33 Tagen wird wieder auf Europa fallen, allerdings südlicher als diesmal, weil mit jeder Finsternis dieses Zyklus Neumond und Knotendurchgang zeitlich näher zusammenrücken.

Diese Verschiebung setzt sich fort, so daß im Jahr 2648 die letzte totale Finsternis dieser Reihe am Südpol auftreten wird. Die erste Finsternis dieses Saroszyklus fand 1639 am Nordpol statt. Damals war der Neumond noch recht weit von seinem Knoten entfernt. Jede Finsternis gehört also zu einer eigenen «Familie» von Finsternissen, welche die Erde im Zeitraum von etwa 1000 – 1200 Jahren gleichmäßig überstreichen. Von diesen Finsternisgruppen gibt es etwa 42 verschiedene, die allesamt jeweils im Zyklus von 18 Jahren und 10 Tagen die Erde mit charakteristischen Schattenlinien überzeichnen und gemeinsam zu den im Schnitt 2,3 Sonnenfinsternissen pro Jahr führen.[1]

1 Nur zu einem Teil dieser Zeitspanne sind die Finsternisse total, zu Beginn und Ende erscheinen sie als partielle Finsternisse. Die Finsternisreihe des aktuellen Saroszyklus war erst ab 1927 eine totale.

Südwärtswandern der
Totalitätszonen der
Finsternisse des Saros-
zyklus 145. 1000 Jahre
dauert es, bis dieser
Zyklus seine charak-
teristische Finsternis-
Strichzeichnung auf
der Erde vollendet hat.
(aus J. Schultz,
Rhythmen der Sterne)

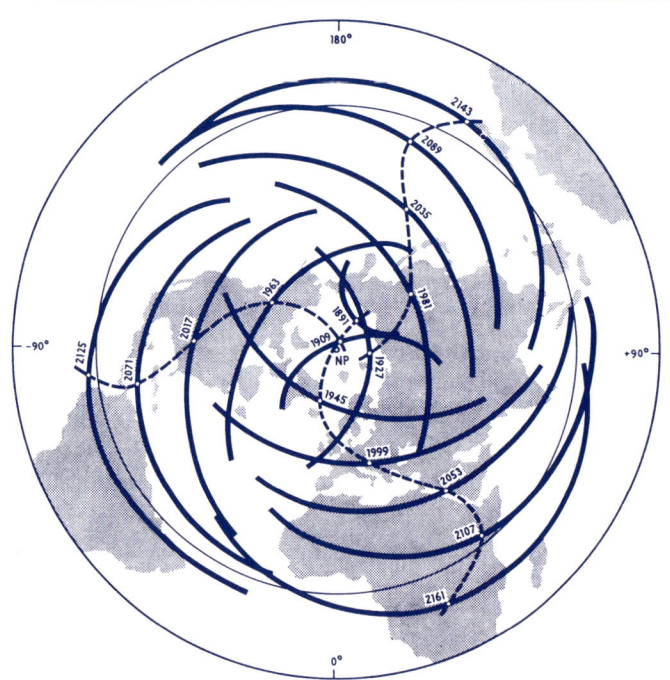

Jede Familie besitzt ihren eigenen Charakter. Ist ein solcher
Saroszyklus an sein Ende gekommen, so wird er durch einen
neu entstehenden abgelöst.

Dem ständigen Licht- und Wärmezufluß, mit dem die Sonne
die Erdoberfläche einhüllt, stehen die Saroszyklen als eine Art
Gruppe von 42 Finsterniswesen gegenüber, die Finsternislini-
en auf diese Licht- und Wärmeoberfläche der Erde eingravie-
ren.

Europäische totale Finsternisse in diesem Jahrhundert:

Datum	Verlauf der Zentrallinie	Charakter
28. 5. 1900	Spanien, Algerien	total
30. 8. 1905	Spanien, Algerien	total
17. 4. 1912	Westfrankreich, Norddeutschland	ringförmig/total
21. 8. 1914	Norwegen, Schweden, Rußland	total
29. 6. 1927	England, Skandinavien	total
19. 6. 1936	Griechenland, Türkei	total
9. 7. 1945	Skandinavien, Rußland	total
30. 6. 1954	Norwegen, Schweden, Rußland	total
15. 2. 1961	Frankreich, Italien, Griechenland, Rußland	total
22. 9. 1968	Rußland	total
11. 8. 1999	*Aktuelle Finsternis*	total

Die nächsten europäischen totalen Finsternisse:

29. 3. 2006	Türkei	total
20. 3. 2015	Atlantik vor England, Norwegen	total
12. 8. 2026	Spanien	total
2. 8. 2027	Gibraltar, Nordafrika	total

Die drei Kreuzstellungen zum Jahrhundertende

Das Planeten-Kreuz der Weihnacht 1996

Mit der Konstellation der Planeten zur Zeit der Finsternis vollzieht sich zum dritten Male innerhalb der letzten Jahre eine Kreuzstellung im Tierkreis. Das erste Kreuz war am Weihnachtsabend 1996 sichtbar (siehe die Abbildung unten).

Zur Mitternacht stand der Vollmond an seinem höchsten Ort, während Saturn gerade unterging und Mars im Osten sich

Kreuzstellung der Planeten am Weihnachtsabend 1996. Der äußere Ring kennzeichnet die Tierkreiszeichen, der innere die Tierkreisbilder.

Planeten:
☉ = Sonne
☿ = Merkur
♀ = Venus
♁ = Erde
☾ = Mond
♂ = Mars
♃ = Jupiter
♄ = Saturn

Tierkreiszeichen:
♈ = Widder
♉ = Stier
♊ = Zwillinge
♋ = Krebs
♌ = Löwe
♍ = Jungfrau
♎ = Waage
♏ = Skorpion
♐ = Schütze
♑ = Steinbock
♒ = Wassermann
♓ = Fische

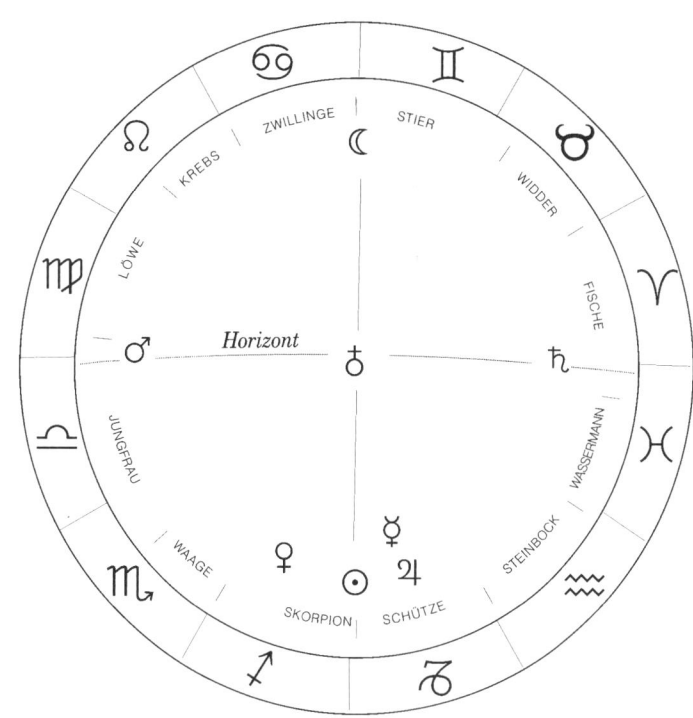

Die Kometen Hyaku-
take und Hale-Bopp
am 9. April 1996 bzw.
am 10. April 1997.
Beide befinden sich
am Fuß des Perseus
innerhalb eines
markanten Sternen-
fünfecks.

erhob. Die Achse Sonne–Mond wurde durch die Opposition von Mars und Saturn senkrecht geschnitten. Es entstand eine Kreuzstellung im Tierkreis, die mit den vier besonderen Orten der Sonne im Jahreslauf (Frühlingspunkt, Sommersonnenwende, Herbstpunkt und Wintersonnenwende) zusammenfiel. Daß der Vollmond am Weihnachtsabend am Himmel steht, ist nicht so außergewöhnlich. Dies geschah bereits zweimal in diesem Jahrhundert (1912, 1950). Aber daß Mars und Saturn sich zu einem Kreuz in diese Stellung fügen, ist außergewöhnlich.

Das Kometen-Osterkreuz 1996/97

Diese Weihnachtskonstellation 1996 wurde durch das Erscheinen der beiden hellen Kometen Hyakutake und Hale-Bopp eingerahmt, die in der Vorosterzeit 1996 aus der Region Jungfrau / Waage bzw. 1997 aus dem Schützen ihre größte Helligkeit am Nachthimmel zeigten und nach vielen kometenarmen Jahren mit großer Aufmerksamkeit verfolgt wurden. Faßt man die Bahnen der beiden Kometen ins Auge, so tritt ein überraschendes Phänomen auf: Die linke Abbildung zeigt den Kometen Hyakutake am 9. April 1996 im Sternbild Perseus innerhalb eines aus Sternen gebildeten kleinen Fünfecks, wobei der oberste der bekannte Stern Algol ist.

In der rechten Abbildung, photographiert am 10. April 1997, sieht man den Kometen Hale-Bopp an genau der gleichen Stelle. Oberhalb des Kometen sieht man das markante Zentrum

von Perseus und rechts davon den Doppelsternhaufen des
Perseus.

Der linke schwächere Schweif zeigt auf das Zentrum von
Perseus, der rechte auf den Sternhaufen

Fast auf den Tag genau, nur um ein Jahr verschoben, befan-
den sich die beiden Schweifsterne am gleichen Himmelsort.
Das bedeutet, daß die Kometen, die als typische Einzelgänger
unberechenbar im Planetensystem erscheinen, sich hier dem
Jahreslauf und das heißt der Sonne eingliedern und deshalb
zusammen betrachtet werden können. Es scheint, als würden
sie ihren typischen Charakter des freien, ungebundenen Auf-
tretens opfern, um gemeinsam in der Osterzeit 1996 bzw. 1997
die Achsen eines Kreuzes zu bilden. Diese Kreuzgestalt ihrer
Bahnen ist im durch die Schweife zurückgelassenen feinen Ko-
metenstaub substantiell nach wie vor am Sternenhimmel vor-
handen. Aus den im Zeitlichen sich gebildeten kreuzenden
Bahnen ist ein räumliches Kreuz geworden.

Das Konstellationskreuz zur Finsternis und die apokalyptischen Tiere

Die Konstellation der Planeten zur Zeit der Finsternis ist überaus eindrucksvoll und eröffnet viele Fragen. Bereits zur Jahres-
wende 1998/99 stellten sich Mars und Saturn in Opposition
und halten diese Spannung bis zur Finsternis aufrecht, wobei
ab Mai Jupiter zu Saturn hinzutritt. Man kann den Eindruck
gewinnen, daß die überaus lange Dauer der Opposition von
Mars und Saturn, den Repräsentanten von Dynamik und Im-
pulsivität bzw. Dauer und Verinnerlichung, eine spannungs-
reiche Vorbereitung auf das Finsternisgeschehen darstellt. Ist
die Finsternis eingetreten, so kann diese Spannung sich nun
wieder lösen und bis zum Frühling 2000 in ihr Gegenteil ein-
münden: in die enge Versammlung der drei obersonnigen
Wandler; in der Vorosterzeit 2000 werden sie eine beeindruk-
kende Lichtkette am abendlichen Horizont bilden.

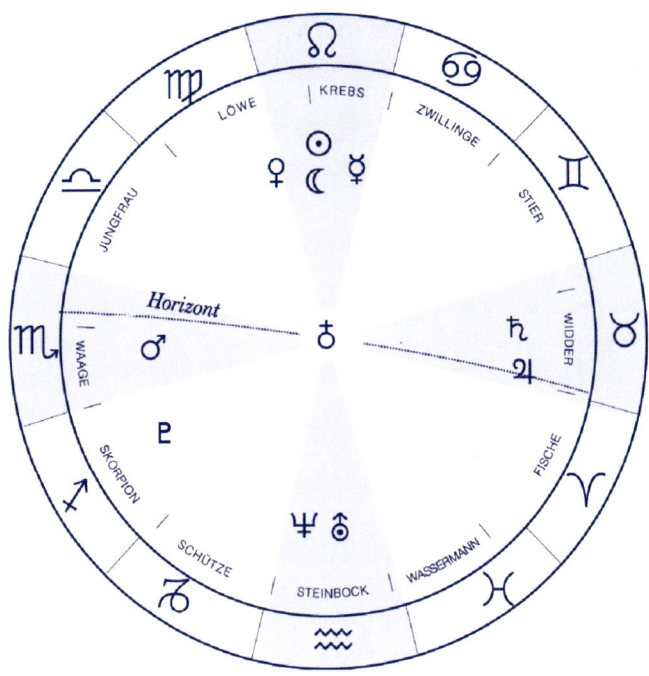

Kreuzstellung der Planeten zum Zeitpunkt der Sonnenfinsternis am 11. August.

Planeten:
⊙ = Sonne
☿ = Merkur
♀ = Venus
♁ = Erde
☾ = Mond
♂ = Mars
♃ = Jupiter
♄ = Saturn
♅ = Uranus
♆ = Neptun
♇ = Pluto

Tierkreiszeichen:
♈ = Widder
♉ = Stier
♊ = Zwillinge
♋ = Krebs
♌ = Löwe
♍ = Jungfrau
♎ = Waage
♏ = Skorpion
♐ = Schütze
♑ = Steinbock
♒ = Wassermann
♓ = Fische

Zur Finsterniszeit steht dieser Achse von Mars und Saturn/ Jupiter eine zweite Achse aus Sonne mit Merkur, Venus und den transsaturnischen Planeten Uranus und Neptun im rechten Winkel.

Zum Ende der Finsternis gehen Jupiter und Saturn unter, und Mars hebt sich, das heißt, deren Oppositionsachse kippt über den mitteleuropäischen Horizont. Für das Finsterniszentrum (Rumänien) fällt zum Zeitpunkt der Totalität die Achse Mars-Jupiter/Saturn noch enger (als in der Abbildung für Mitteleuropa) mit dem Horizont zusammen. Das beeindruckende Kreuz, das die Planeten mit der Sonne bilden, steht damit in Zusammenhang mit der Landschaft, die die Finsternis überstreicht: die sonnenfernen, sichtbaren Planeten Mars, Jupiter und Saturn verbinden sich mit dem Horizont, die sonnennahen Merkur und Venus umrahmen das Finsternisgeschehen, und die Transsaturne betonen die Mittagslinie bzw. den Zenit.

Jede totale Sonnenfinsternis zeichnet durch ihre zentrale Schattenlinie ein bestimmtes Gebiet der Erde aus, sie graviert gewissermaßen eine Dunkelheit auf die Landschaft. Durch die Kreuzstellung der Planeten, geordnet nach ihrer Position im Planetensystem (sonnennah – sonnenfern – transsaturnisch), scheint sich zugleich ein makrokosmisches Kreuz auf die Erde zu schreiben. Um die Sprache der Tierkreiszeichen Stier – Wassermann – Skorpion – Löwe dabei lesen zu lernen, ist es hilfreich, den Unterschied von Tierkreisbild und Tierkreiszeichen zu klären. Die *Tierkreiszeichen* bilden eine gleichmäßige Teilung der Sonnenbahn in Abschnitte zu 30°, beginnend mit dem Zeichen «Widder» (♈) am Frühlingspunkt, jenem Himmelsort, an dem die Sonne zum Frühlingsbeginn, der Tagundnachtgleiche, steht. Da die Sonne in ihrem auf- und absteigenden Lauf durch den Tierkreis die Jahreszeiten auf der Erde hervorruft, geben die Zeichen die monatlich unterschiedliche Lebenssituation der Erde wieder. Sie sind Ausdruck und Urbilder des sich im Jahreslauf wandelnden Organismus Erde – Sonne.

Nun wandert der Frühlingspunkt mit den an ihn gebundenen Zeichen gegenüber den sichtbaren *Tierkreisbildern* entgegen der Jahresbewegung der Sonne, so daß sich Tierkreiszeichen und -bilder in etwa 2160 Jahren um ein Zeichen gegeneinander verschieben. In der klassisch griechischen Zeit, als die Einteilung nach den Tierkreiszeichen vorgenommen wurde, deckten sich Bild und Zeichen. Die ausgeprägte Harmonie des alten Griechen in seiner Beziehung zu sich selbst, zur Natur und zur übersinnlichen Welt mag in der Übereinstimmung ihre kosmische Entsprechung haben.

Bis etwa zum Jahre 2600 befindet sich der Frühlingspunkt im Sternbild der Fische und wandert dann in den Wassermann. Vor etwa 6000 Jahren, im vierten Jahrtausend vor Christus, befand sich der Frühlingspunkt im Tierkreisbild Stier, was zu einer einzigartigen Regelmäßigkeit des Tierkreises und Sonnenlaufs führte. Vier helle Hauptsterne markierten damals die besonderen in einem Kreuz angeordneten Himmelsorte der

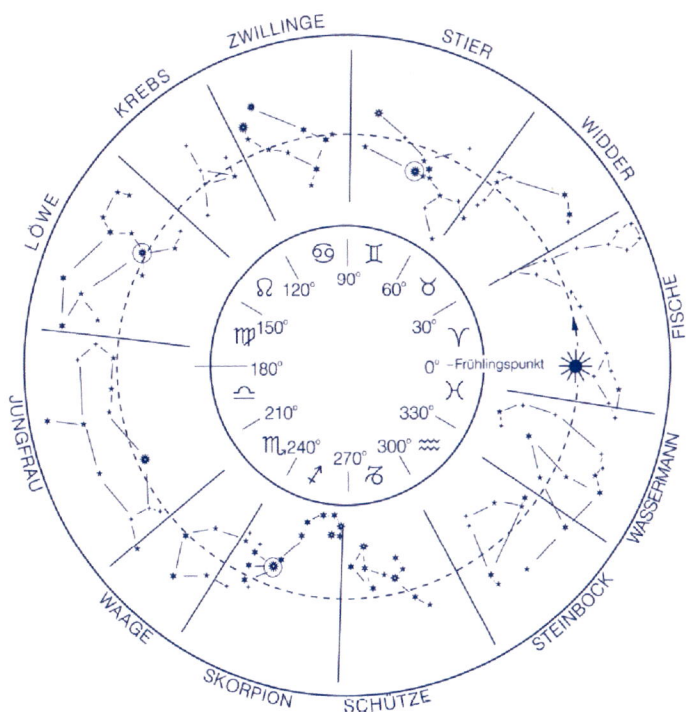

Heutige Verschiebung von Tierkreisbildern (außen) und 30°-Teilung der Tierkreiszeichen (innen). Die mit einem Kreis versehenen Sterne sind Aldebaran, Regulus und Antares.

Sonne in ihrem Jahreslauf (siehe Tierkreisabbildung):

Frühlings-Tagundnachtgleiche: Aldebaran im Stier
Sommer-Sonnenwende: Regulus im Löwen
Herbst-Tagundnachtgleich: Antares im Skorpion
Wintersonnenwende: Altair bzw. Formalhaut
                                  nahe dem Wassermann.

Diese Kreuzstellung der sogenannten Königssterne mit dem Sonnenlauf bzw. Jahreszeiten hatte in den Religionen des Altertums große Bedeutung. Diese Tierkreiszeichen zeigen im kosmischen Bild die polaren Gestaltungskräfte, die sich in den seelischen Äußerungen des Menschen wiederfinden lassen:

Stier

Kaum ein Lebewesen hat solch eine gedrungene, fast kubische Gestalt wie das Rind. Sowohl beim stundenlangen Grasen als auch beim Angriff ist sein Kopf dicht am Leib zur Erde gesenkt. Die enorme lebensvolle Kraft, die der Stier in seinem Anrennen gegen Widerstände zum Ausdruck bringt, wendet sich bei der Kuh nach innen und wird zur Stoffverwandlungskraft, Unmengen von Gras kann sie zu Dung und Milch umsetzen.

Skorpion und Adler

Der Stier-Kuh-Lebenskraft steht die dürre Konstitution des Skorpions gegenüber. Er ist scheu, hält sich mit den Scheren jeden Gegner möglichst vom Leib, während er mit seinem giftigen rückwärtigen Stachel zusticht. Das Bild des Todes in diesem Tier findet einen starken Ausdruck in der Tatsache, daß bei Reizung durch eine Lichtquelle der Skorpion mitunter durch seinen eigenen Stachel den Tod findet. Doch der Skorpion führt todbringende Wirkung zu einseitig, um ihr Repräsentant zu sein. Er schlägt aus dem Versteck bei Nacht zu und ist immer dicht am Boden, ja am liebsten im Sand eingegraben. Deshalb ist es verständlich, daß im Altertum vielfach neben die «diebische» Todeskraft des Skorpions die «königliche» des Adlers gesetzt wurde. Im majestetischen Gleitflug nehmen seine strengen wachen Augen jede Regung am Boden wahr. Pfeilschnell stürzt er sich auf seine Beute, und die messerscharfen Fänge nehmen sie in tödlichen Griff.

Löwe

Kaum ein Tier strahlt in solchem Maß Leidenschaft und Beherrschung aus wie der Löwe. Der Kampf, den er stets mit größeren und schnelleren Tieren sucht, ist kaum an Spannung und Emotionsgeladenheit zu überbieten. Den Triumph krönt oft ein tiefes Gebrüll.

Wassermann

Zwar gibt es mit der Jungfrau noch eine weitere menschliche Gestalt im Tierkreis, aber allein im Wassermann findet sich das reine, beziehungsweise zukünftige Menschsein verwirklicht. Denn im Gegensatz zur Jungfrau wendet er sich im Verschenken des Wassers seinem Umkreis zu. Der Wassermann repräsentiert den Menschen, durch dessen Tätigkeit im Umkreis Leben und Entfaltung hervorgebracht wird.

Die nachfolgende Abbildung zeigt einen König, im Kampf mit dem mythologischen Himmelsgreif, einem Mischwesen aus Stier, Adler, Skorpion und Löwe. Darin kommt zum Ausdruck wie die beschriebenen Gestaltungskräfte von Stier, Löwe und Adler-Skorpion, die sich als den Leib konstituierende Grundlagen für Wille, Gefühl und Denken fassen lassen, durch den «königlichen» Menschen bezwungen, bzw.

Steinrelief aus Persepolis: Kampf des Königs mit mythologischem Himmelsgreif
(Aus: Histoire de l'Art dans l'Antiquité)

harmonisiert werden. In den ägyptischen und griechischen Sphinxdarstellungen von geflügelten Löwen mit menschlichem Antlitz treten diese Gestaltungskräfte des Menschen als Imaginationen in Stein vor das Auge.

Auch wird in der ägyptischen Mythologie geschildert, wie der Sonnengott auf seiner nächtlichen Fart durch die Tiefen der Welt mit dem Widderhaupt, sich durch die Gestalten von Löwe und Stier verwandelnd, zur mitternächtlichen neuen Geburt hinbewegt und im Bild des Falkens als Tagesgestirn wiedererscheint.

Es ist der Kampf des Menschen gegen die Einseitigkeiten, die in diesen einzelnen Kräften liegen und die den Menschen konstituieren. Im Tier kommen sie voll zur Entfaltung und lassen dadurch jedes Tier auf seine Weise vollkommen werden. So kann ein Reh, ein Spatz oder ein Insekt im Verhalten und Aussehen nicht noch schöner, noch passender in seine Lebensumgebung eingegliedert sein, noch stärker seinem eigenen Wesen entsprechend werden, als es schon ist. Tiere sind vollkommen, aber zugleich – und dies ist das Opfer für diese Vollkommenheit – gefangen in der eigenen Perfektion. Der Mensch hebt sich auch gerade dadurch vom Tier ab, daß er ständig den Mangel der eigenen Vollkommenheit erlebt und damit umgehen muß. In den oft salopp zitierten Sprüchen „Nobody is perfect" und „Irren ist menschlich" steckt ein entscheidendes Charakteristikum des Menschen. Menschsein heißt deshalb nicht Vollkommen sein, sondern nach Reife, nach Vollkommenheit zu streben und am Irrtum zu wachsen.

Während im Tier sich eine bestimmte seelische Eigenart manifestiert, vereinigt der Mensch die verschiedensten in sich, und erst der Ausgleich dieser seelischen Kräfte führt den Menschen zu sich selbst. Die seelischen Vereinseitigungen in eine Harmonie zu bringen setzt allerdings zwei Bedigungen voraus, die in dem Steinrelief aus Persepolis wunderbar zum Ausdruck kommen: Zum einen strahlt der König trotz des Anblicks des furchterregenden Himmelsgreifs eine Ruhe und Souveränität aus. Darin kommt zum Ausdruck, daß er nicht aus Zorn oder Angst kämpft, sondern aus der Gefaßtheit des Ichs. Zum anderen blickt er dem Wesen ins Angesicht. Das heißt, er kennt und erkennt die Kräfte, die er bezwingen will.

In der christlichen Tradition kommt die Anschauung, daß erst die Vereinigung der Gestaltungskräfte von Löwe, Stier-Adler- und Wassermann den vollständigen Menschen ausmachen darin zum Ausdruck, daß die vier Evangelisten des Neuen Testaments, Lukas, Matthäus, Markus und Johannes, diesen vier Tierkreisbildern zugeordnet wurden. Dieser Zuordnung liegt das tiefe spirituelle Empfinden zugrunde, daß das Neue Testament, als die Schrift, die den Menschen zu Christus, zum höheren Menschen führen will, die vier Tierkreiskräfte in sich selbst durch ihre vier Schreiber vereinigt.

Das Motiv der menschlichen Entwicklung als ein zum-Ausgleich-Bringen der vier Gestaltungskräfte gipfelt in der Offenbarung des Johannes (4,6-7), wo Johannes ihnen schauend gegenübertritt:

«Vor dem Thron breitet sich ein gläsernes Meer gleich einem

Kristall aus, und in der Mitte vor dem Thron und rings um den Thron sind vier Wesen, voller Augen vorne und hinten. Das erste Wesen ist gleich einem Löwen, das zweite gleich einem Stier, das dritte hat ein Gesicht wie ein Mensch und das vierte ist gleich einem fliegenden Adler».

Auf dreifache Weise erscheint in den letzten Jahren des Jahrhunderts das Bild des Kreuzes im Kosmos, wobei die Finsterniskonstellation den krönenden Abschluß bildet. Wenn man wie Johannes Kepler, der besondere Konstellationen als Impulsgeber für das menschliche Handeln betrachtete, auf die Planetenstellung schaut, so drängt sich der Gedanke auf, daß die kosmischen Kreuzbilder Aufforderungen und Hilfe zugleich sind, die eigene geistig-seelische Entwicklung so in die Hand zu nehmen, daß die Empfindung des Schmerzes, des Sterbens mit eingeschlossen ist. Es ist die Steigerung der Selbsterziehung, bei der das alte Selbstgefühl, die Vorstellung von sich selbst sterben muß zugunsten eines neuen, inneren Menschen. Angelus Silesius faßte dies in die Worte

Wer nicht stirbt, bevor er stirbt,
der verdirbt, wenn er stirbt.

Finsternisse:
Abdämpfung des Lebendigen und Freiwerden des Geistigen

Bei einer totalen Finsternis wird ein Gebiet der Erde des natürlichen Sonnenlichtes beraubt. Wo sich sonst über alle Erscheinungen und Vorgänge der Natur und des Menschen der, man möchte sagen: liebende Licht- und Wärmemantel der Sonne legt, herrscht plötzlich Finsternis, die in keiner Weise mit der Nacht verglichen werden kann. Der Organismus Erde-Sonne wird für kurze Zeit zerrissen, und die verdunkelten Gebiete und deren Naturentfaltung stehen sonnenlos, hüllenlos im Kosmos. Viele unbefangene Beobachter von Sonnenfinsternissen beschreiben eine einzigartige Loslösung von dem dem Physischen innewohnenden Geistigen, weil das Lebensspendende der Sonne zurückgedrängt ist. Diese Wahrnehmung des Phänomens, das mit Schauder verbunden sein kann, klärt Rudolf Steiner, der Begründer der anthroposophischen Geisteswissenschaft, durch seine Beobachtungen weiter auf:[2]

«… daß in einer solchen Zeit [der Sonnenfinsternis] dasjenige lichtvoll erscheint, was man sonst nur durch sehr schwierige Meditationen erreichen kann: Man sieht dann alles Pflanzliche und Tierische anders, jeder Vogel, jeder Schmetterling sieht dann anders aus. Man bemerkt eine Herabdämpfung des Lebensgefühles. Es ist etwas, was im tiefsten Sinne die Überzeugung hervorrufen kann, wie innig zusammenhängt im Kosmos ein gewisses geistiges Leben, das zur Sonne gehört und das in dem, was man in der Sonne sieht, gleichsam seinen physischen Leib hat, mit dem Leben auf der Erde … Man fühlt während einer Sonnenfinsternis etwas wie ein Aufstehen der Gruppenseelen der Pflanzen, der Gruppenseelen der Tiere, dagegen wie ein Mattwerden aller physischen Leiblichkeit der Pflanzen und Tiere.» – Mit «Gruppenseele» meint Rudolf Steiner das übersinnliche Wesen, bzw. in Platos Sinne die Idee, die gestaltende Entität der einzelnen Pflanzenarten. Das Lebendige bildet nun bei den Pflanzen wie auch beim Menschen das Bindeglied zwischen dem irdischen Stoff und den ihn gestaltenden geistigen Urbildern. Wird das Leben abgeschwächt, löst sich dies etwas vom Stoff. Die Berichte von «Nah-Todes-Erfahrungen» zahlreicher Menschen sind eindrucksvolle Hinweise auf Steiners Beobachtung.

Rudolf Steiners weiterem Hinweis[3], daß alle menschlichen schädlichen Triebe und Instinkte, die sonst von der physischen Sonne an die Erde gebunden bleiben, nun frei in den Kosmos strömen, kann man folgen: Jede noch so böse Handlung des Menschen findet «unter der Sonne» statt, findet immer ihre Verbindung mit der Güte des Sonnenlichtes, selbst bei Nacht, denn nur bei einer Finsternis ist es erdfremder Schatten, der die Sonne verdunkelt. Als Vergleich mag dienen, daß, wenn man im Sonnenlicht steht, der Eigenschatten als etwas völlig

2 Rudolf Steiner, Aus der Akashaforschung, GA 148, 2. Vortrag
3 Rudolf Steiner, Menschenfragen und Weltenantworten, GA 213, 2. Vortrag

anderes empfunden wird als der Schatten, der durch andere auf einen fällt. Gefühle, Gedanken und Handlungen des Menschen, denen Bewußtsein fehlt, die nicht «durchsonnt» sind, werden wie die Gruppenseelen der Pflanzen und Tiere frei und strömen in den Kosmos, eine Welt, deren hohe Ordnung und Harmonie man als Urbild des Moralischen auffassen kann. Immanuel Kant hat dies in seinem schönen Ausspruch zur Geltung gebracht: «Der gestirnte Himmel über mir, das moralische Gesetz in mir.» Man mag ermessen, wie wesensfremd und schädlich sonnenloser menschlicher Wille für die Planetenwelt ist, und dennoch entläßt eine Sonnenfinsternis als «Ventil», so Rudolf Steiner, das Verwerfliche des Menschen in den Kosmos. In diesem Sinne erscheint die Finsternis ein schwer faßbares Opfer der Planetenwelt zu sein, durch das die Erde und die Menschheit gereinigt wird. In diese Geste schreiben sich am 11. August mit der sich ausgleichenden Stellung des Kreuzes die den Menschen bildenden Gestaltungskräfte ein. Sicher ist der Vergleich zu schlicht und dennoch: als würde man einem Kind nach einer Verfehlung mit einer Geste die Schuld nehmen und ihm dabei durch ernste Stimme oder ein wenig Schütteln dazu verhelfen, sich zu besinnen. Die Konstellation der Planeten in den Zeichen der apokalyptischen Tiere mutet so an, als wolle der Kosmos den Menschen helfend impulsieren, sich auf sein wahres Menschsein zu besinnen.

Diese Kreuzkonstellation mit der Sonnenfinsternis fällt in eine Zeit, in der sich die beschriebenen drei Kräfte der menschlichen Seele, der Wille, das Gefühl und das Denken, deutlich voneinander gelöst haben. Daß einer gewonnenen Erkenntnis die notwendige Handlung folgt, muß heute mühsam vom Menschen errungen werden. Es geschieht längst nicht mehr von selbst, zu weit haben sich Denken und Wollen, Adler und Stier, im Menschen voneinander emanzipiert.

Schon eine elementare psychologische Betrachtung zeigt, wie sehr die Kräfte der Seele durch die Führung des menschlichen Ichs in einen sich stützenden und ergänzenden Zusammenhalt gebracht werden müssen, damit der Mensch an Reife gewinnen kann.

Fehlt dem Willen das Gefühl, so daß die Handlungen allein von Gedanken bestimmt werden, droht das Tun berechnend und schonungslos im Sinne von «der Zweck heiligt die Mittel» zu werden. Im umgekehrten Fall, wenn allein das Gefühl den Willen führt, fehlt dem Handeln die Richtschnur der eigenen Ideale, mit der Folge, daß an deren Stelle äußere Ziele treten, wie Besitz, Macht oder Sicherheit.

Auch das Gefühlsleben kann sich nur gestützt von den anderen seelischen Tätigkeiten gesund entfalten; so ist ohne Wille das Gefühl, die menschliche Anteilnahme nicht mit Ausdauer und Treue ausgestattet, sondern den wechselhaften inneren und äußeren Stimmungen unterworfen. Sentimentalität und Gefühlsregungen, die keiner Wirklichkeit entsprechen, sind die Folge, wenn das Fühlen nicht durch Gedanken erhellt wird.

Wenn das Denken isoliert abläuft, kann sich die Persönlichkeit ebenfalls nicht entfalten: Ohne das Gefühl, das Herz, können die Gedanken kein Gewicht, keine individuelle Überzeugungskraft für den Menschen erlangen. Fehlt dem Denken der Wille, die Durchhaltekraft, gelingt es kaum, Ideen und Gedanken in ihren Konsequenzen und Widersprüchen fassen zu können, und man bleibt leicht auf der Ebene des Meinungsbildens stehen. Wenn diese Kräfte der Seele durch den Kern der menschlichen Persönlichkeit, das Ich, dazu gebracht werden, sich zu tragen und gleichzeitig sich gegenseitig in ihrer Verschiedenheit zu steigern, wenn «eins im andern webt und lebt», dann wächst der Mensch zu einem freien und schöpferischen Wesen, zu einem «König».

So kann das Tierkreiszeichen Wassermann als das kosmische Bild des Menschen betrachtet werden, und es fügt sich, daß in der Konstellation zur Finsterniszeit Uranus und Neptun dieses Zeichen betonen. Von diesen Planeten schildert Rudolf Steiner, daß sie vornehmlich in der Zukunft für den Menschen eine Bedeutung erlangen werden. Es scheint im Bild dieser Konstellation mit der Betonung auf das apokalyptische Viergetier, diejenigen Kräfte, die den Menschen gebildet haben, nicht nur die ferne Vergangenheit anwesend zu sein, sondern zugleich die Zukunft des Menschen.

Der Charakter von Sonne und Mond und ihre Beziehung zum Menschen

Die Sonne

Es ist wohl eine der größten Selbstverständlichkeiten des menschlichen Lebens, daß die Sonne Tag für Tag die Erde mit Licht und Wärme versorgt. Zugleich kann ihre über Jahrtausende gleichbleibende Licht- und Wärmeleistung zum Rätsel werden, denn die astrophysikalischen und kernphysikalischen Erklärungen über die Natur der Sonne verlagern nur die Frage nach dem «größten Geschenk, was der Kosmos der Erde macht». Zu diesem Rätsel gehört, daß allein für die Sonne gilt, daß wir sie nicht direkt anschauen können und dennoch ständig ihre Anwesenheit beziehungsweise Wirkung in allen Naturentfaltungen der Erde sehen und erleben. Im Sinne von Heraklits Ausspruch, daß ein Wesen dort sei, wo sich seine Wirkung entfalte, ist es ganz richtig, wenn der russische Sonnenforscher Sigel sagt: «Wir leben *in* der Sonne».

Rückt man mit Teleskopen der Sonne im sprichwörtlichen Sinn auf den Leib, so zeigt sich – nur etwas materieller – die gleiche Eigenart: Die Oberfläche der Sonne ist gekennzeichnet von ständig hervorquellenden 1000km großen blasenartigen Gebilden, den sogenannten Granulen, die nach etwa 8 Minuten sich wieder auflösen, um neuem aufsteigenden Granulat Platz zu machen. Dieser im Sonnenmaßstab kleinräumigen Bewegungsstruktur ist eine großflächige zweite überlagert: Mal teilt sich die Sonnenscheibe in vier, sechs oder auch mehr Gebiete, die gegenläufig zueinander in einem Rhythmus von ungefähr 5 Minuten sich geringfügig heben und senken. Für dieses in Kammern gegliederte Schwingen der Sonne werden im Sonnenleib vorhandene Schwingungen verantwortlich ge-

Mit Hilfe eines starken Filters zeigt sich die Granulatstruktur der Sonnenoberfläche: Bildreihe einer Protuberanz

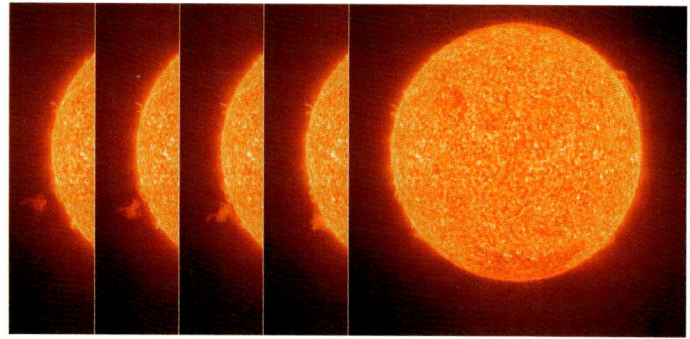

macht, die jeweils an der Sonnenoberfläche in das Innere reflektiert werden. Die Sonne befindet sich gewissermaßen in permanenter pulsierender Erregung (die Forschungsdisziplin, die sich diesem überaus interessanten Phänomen widmet, nennt sich bemerkenswerterweise Solarakustik).

Doch nicht nur Bewegung, Licht und Wärme sind Ausdruck der fortwährenden Aktivität der Sonne. Gleichzeitig geht neben den beeindruckenden Protuberanzen von der äußeren Koronaschicht ein feiner Substanzstrom aus, der von der Sonne in vier spiralige Bereiche strukturiert wird und das ganze Planetensystem erfaßt. Das Polarlicht an den Polen der Erde ist Ausdruck dafür, wenn dieser sogennante Sonnenwind mit der oberen Atmosphäre in Beziehung tritt.

Die Abbildung zeigt den Verlauf einer gewaltigen Sonnenruption, weitaus größer als die Erde, die aus der Sonne hervorbricht. Gleichzeitig ist die sich ständig wandelnde Granulatstruktur der Sonnenoberfläche zu sehen.

Der Mond

An der stets gleichen charakteristischen Oberflächenstruktur aus dunklen Flächen und großen Kratern sieht man bereits mit dem bloßen Auge, daß der Mond der Erde immer die gleiche Seite zuwendet. Während eines Umlaufes dreht er sich somit einmal um sich selbst. Doch dieses Gleichmaß der Mondbewegung wird durch kleine Schwankungen variiert, indem der Mond in seiner Hinwendung zur Erde eine feine waag- und senkrechte Pendelbewegung durchführt. Man mag diese Bewegung mit dem menschlichen Haupt vergleichen, wenn wir als Geste der Zustimmung oder Ablehnung nicken bzw. den Kopf schütteln.

Schon mit einem Feldstecher kann man sich davon überzeugen, daß es auf dem Mond keine Atmosphäre geben kann, denn sonst würde beispielsweise in die Schattenbereiche der Krater Streulicht fallen, das in der Luft gebrochen wird. Es gäbe bei den Schatten weiche Übergänge von hell zu dunkel, wie wir es von der Erde kennen. Doch auf der Mondwelt existieren diese Übergänge nicht – es ist eine Welt harter Schwarz-Weiß-Konturen.

Die Aufnahme des Kraters Dädalus auf der Rückseite des Mondes zeigt gut die pechschwarzen Schatten einer atmosphärelosen Welt (Photo NASA).

Auf dem Mond regt sich fast nichts, kein Windhauch, kein Geräusch. Während auf der Erde sich Gebirgsmassive wie die Alpen bilden und durch den Wind wieder langsam abgetragen werden, bleibt beispielsweise der Fußabdruck des ersten Astronauten Neil Armstrong im Staub des Mondes für tausende Jahre erhalten, bis schließlich durch mikroskopische Meteoriten und Sonnenwirkung seine Form langsam verwischt wird.

Der Mond – eine «gezeichnete Welt»

Mondkrater Daedalus; die Schatten des Mondes sind ohne Übergänge

Der erste Fußabdruck
im Mondstaub

Es gibt im Kosmos kaum etwas «Konservativeres» als den Mond. Dies gilt nicht nur für ihn selbst, daß auf ihm alles bleibt, wie es ist, sondern auch für seine Wirkung auf seinen Umkreis. So haben wir das starke Magnetfeld der Erde, das uns vor gefährlicher kosmischer Strahlung schützt, hauptsächlich dem Mond zu verdanken. Durch seine Schwerkraft bremst er den Eisenkern der sich drehenden Erde. Dadurch entsteht vergleichbar einem Fahraddynamo ein starkes Magnetfeld. Aber auch die Erdachse wird vom Mond ständig stabilisiert. Würde sie, wie bei einigen anderen Planeten, stärker schwanken, hätte dies schlimme Klimaveränderungen zur Folge. Der Mond, selbst ohne Leben, stützt somit das Leben auf der Erde, vergleichbar dem menschlichen Skelett, das, arm an Leben, den Organismus trägt.

Neben der Wirkung auf die Erde finden sich nun rätselhafte Übereinstimmungen von menschlichen Rhythmen und Mondrhythmen.

Mondenrhythmen in biologischen und seelischen Rhythmen des Menschen

Der Mondentag

In den siebziger Jahren wurden Studenten gebeten, einige Wochen ohne Kontakt zur Außenwelt zu leben und auf Telefon, Fernseher, Zeitung und Uhr zu verzichten. Man wollte erfahren, ob der Mensch eine innere Uhr besitzt, ob er bei seinem 24 stündigen Tageslauf bleibt oder nicht. Das Ergebnis war, daß sich bereits nach wenigen Tagen ein Tagesrhythmus von etwa 24 Stunden und 50 Minuten einstellt. Geht eine Versuchsperson beispielsweise um 22 Uhr schlafen, so verschiebt sich die Nachtruhe am darauffolgenden Tag um 50 Minuten. Diese endogene Tagesdauer zeigt gegenüber dem äußeren Sonnentag eine besondere Beziehung zum Mond, denn dieser verlängerte Tagesrhythmus entspricht dem Mondlauf: Während die Sonne in 24 Stunden wieder an der gleichen Stelle über dem Horizont steht, braucht der Mond etwas länger dafür. Er wandert täglich entgegengesetzt zur Tagesbewegung im Tierkreis ungefähr 12° weiter, so daß sein «Tageslauf» sich auf im Durchschnitt 24 Stunden und 48 Minuten dehnt.

Ohne äußere Taktgeber, wie Uhren oder der Sonnenlauf, pendelt der Mensch sich auf den lunaren Tagesrhythmus ein. Eine dreiviertel Stunde länger auszuschlafen bringt einen in diesen Mondenrhythmus, während noch längeres Ausschlafen dazu führt, daß man aus der typischen Gliederung des Tageslaufs in früher Vormittag, später Vormittag etc. herausgeworfen wird; selbst wenn man entsprechend später zu Bett geht, zerfällt der Tag in einzelne Stunden. Diese Erfahrung ist gut bekannt.

Bei blinden Menschen tritt nun mitunter das Problem auf, daß sie ihren Tagesrhythmus nicht nach der Sonne stellen können und deshalb in den längeren Mondentagrhythmus fallen. Ihr innerer Tageslauf verschiebt sich gegenüber der Außenwelt, und sie leiden an Schlaflosigkeit, weil sie zu Bett gehen müssen, auch wenn sie noch gar nicht müde sind. Wie kann man diesen Menschen helfen? Experimentell wurde festgestellt, daß wir unsere innere Uhr vor allem morgens durch den Anblick des Tageslichtes neu stellen, dann synchronisieren wir uns zum Zeitverlauf der Außenwelt. Blinde mußten durch etwas dem Sonnenaufgang Entsprechendes, ähnlich Erweckendes in den Sonnenrhythmus geführt werden. Dies fand man naheliegend in einer kühlen morgendlichen Dusche und einem herzhaften kräftigen Frühstück. Beides half den Blinden in den 24stündigen Rhythmus zu kommen und wieder einen normalen Schlaf zu haben.

Die Stunde – ein Mondenrhythmus

Es ist erstaunlich, daß die meisten Menschen beispielsweise bei
einem Vortrag oder anderen Veranstaltung recht genau nach 45
Minuten erstmals auf die Uhr schauen. Versierte Redner wissen das und bauen nach dieser Dauer oft eine humorvolle
Wendung in den Vortrag ein. Ein verwandtes Phänomen schildern Bauern und Pharmazeuten, die Substanzen von Hand
eine Stunde rühren müssen. Nach 45 Minuten scheint die Flüs-
sigkeit «leicht» zu werden. Wenn es auch physikalisch nicht
meßbar ist, so scheint sich irgend etwas verändert zu haben.
Was geschieht nach 45 Minuten? Warum bahnen sich in einem
beratenden Gespräch, beispielsweise eines Arztes mit seinem
Patienten, Lösungswege erst nach 45 Minuten an und werden
nach Ablauf der vollen Stunde klarer?

Der Stundenrhythmus spielt für die Psyche des Menschen
eine große Rolle. Über alles, was dem Menschen begegnet,
kann er schnell seine Gedanken bilden, manchmal sogar blitz-
schnell. Länger dauert es, bis man das angemessene Gefühl für
eine Situation entwickelt. Um beispielsweise nach einem hekti-
schen Einkauf in einer Großstadt beim Betreten einer Kirche
innerlich ruhig zu werden, braucht es einige Minuten. Um aber
die Konsequenzen einer Schilderung für das eigene Handeln
bis in die Glieder zu erleben, um selbst aktiv werden zu wollen,
dazu ist die Dauer der Stunde notwendig. Unbewußt spürt
man das. Nach 45 Minuten schrillen gewissermaßen seelische
Alarmglocken, die sagen: wenn du jetzt noch weiter liest oder
zuhörst, dann hat das für dich Konsequenzen, dann bist du
nicht mehr der Gleiche, dann veränderst du dich ein klein wenig.

Die Formulierung im Alten Testament «Alles hat seine Zeit»
hat ganz lebenspraktische Bedeutung: will man sich innerlich
entwickeln, so sollte man sich mit den Dingen, die einem am
Herzen liegen, möglichst eine Stunde beschäftigen.

Die Dauer einer Stunde ist nun genau die Zeit, die der Mond
braucht, um sich um die Spanne seines Durchmessers am Sternenhimmel zu verschieben. Maximal eine Stunde kann der

Mond deshalb einen Stern bedecken. In der Zeitspanne der Stunde überwindet man das Konservative, daß alles gleich bleiben soll, dasjenige, wofür der Mond das kosmische Urbild ist. In der Stunde überwindet man das Mondenprinzip, das auch im Seelischen des Menschen seine Bedeutung hat.

Der Monat – ein Mondenrhythmus

In einem Monat, genauer: in 29,5 Tagen wiederholen sich die Phasen des Mondes. Obwohl der Mensch sich von kosmischen Rhythmen stark emanzipiert hat, findet sich dieser Monatsrhythmus vielfach im Menschen wieder. Es ist nicht nur der Menstruationszyklus, mit dem auch Wechsel der Reaktionsgeschwindigkeit und Schmerzempfindlichkeit einhergehen, der im lunaren Monatsrhythmus schwingt. Einem Menschen, der über Stress und Erschöpfung klagt, wird oft geraten, einmal einen Monat 7,5 Stunden zu schlafen und am besten immer vor Mitternacht zu Bett zu gehen. Anfänglich merkt man kaum eine Veränderung, aber nach drei Wochen beginnt man sich besser zu fühlen, und zum Abschluß des Monats festigt sich die Erholung. Vor allem Kurärzte wissen, daß eine grundlegende Regeneration des Körpers einen Monat braucht. Es ist die Zeit, die nach einem Transkontinentalflug nötig ist, bis schließlich auch die Leber, die am langsamsten ihren Tagesrhythmus umstellt, sich an den veränderten Tageslauf angepaßt hat. Dem entspricht auch die Empfindung, daß man sich erst nach einem Monat an eine neue Umgebung eingewöhnt hat.

Es läßt sich ganz prinzipiell beobachten, daß es einen Monat braucht, bis eine wiederholte Tätigkeit zur Gewohnheit wird. Wenn man beispielsweise seine Handschrift ändern oder eine ungeliebte Angewohnheit überwinden möchte, muß man einen Monat durchhalten, bis das Neue selbstverständlich wird. Die Idee des epochenweisen Unterrichtes, daß ein Fach vier Wochen täglich unterrichtet wird, trägt dem Rechnung: Danach sitzt das Gelernte nicht nur im Gedächtnis, sondern ist zur Gewohnheit, zur Fähigkeit geworden. Viel Lernschweiß kann vermieden werden, wenn man beim Fremdsprachenlernen, beim Instrumentüben oder sonst einer Schulung die Monatsdauer bzw. den «Mond» berücksichtigt.

Noch ein interessantes «Mond»-Experiment: Man kann die enttäuschende Erfahrung machen, daß beim Einfall einer guten Idee der soziale Umkreis oft überhaupt nicht darauf eingeht, wenn man sie äußert. Ein Verbesserungsvorschlag zum Beispiel wird scheinbar überhört, wird ignoriert, während die Schilderung der gleichen Idee von jemand anderem unmittelbar aufgegriffen wird. Woran liegt das? Eine Idee muß nicht nur gut und sachgerecht sein, sie muß auch Kraft haben. Diese bekommt sie auch dadurch, daß man sie nach dem Einfall über vier Wochen für sich behält und erst dann mitteilt. Wer es probiert, wird erstaunt sein, welch starkes Interesse nun auf einmal vom sozialen Umkreis zurückkommt. Die Mitmenschen spüren, ob eine Idee gereift ist, ob man sie sich zu eigen gemacht hat oder ob sie nur ein kurzlebiger Lichtblitz ist. Diese Reifung einer Idee braucht die Zeit eines Mondumlaufs, eines Monats.

Der Mensch – ein «Sonnen»- Wesen

Die Sonne offenbart sich in der ununterbrochenen flutenden Aktivität in Wärme, Licht und Stoff. Beim Blick auf den Menschen zeigt sich dies auf verwandte Weise im Kern seiner Persönlichkeit, seinem Ich. Wie die Sonne ist das Ich allein in seiner Aktivität faßbar, ja gewissermaßen nur dann anwesend. Das Dasein von Sonne und menschlichem Ich ist Aktivität. Im Gegensatz zum Leib des Menschen sowie dessen Lebendigkeit und Beseelung kann dieser Wesenskern nicht ermüden. Allein die Kräfte des Leibes, derer er sich bedient, die er zum Ausdrücken und Gestalten seiner Ideen und Ziele anspannt, können erschlaffen.

In älteren Zeiten wurde das eigene Bewußtsein viel enger an die Sonne gebunden erlebt. Viele Beschreibungen belegen, daß es mit dem Sonnenuntergang erlosch und durch den Sonnenaufgang wieder hervorgerufen wurde. Durch die Sonne wurde das Bewußtsein erweckt; das Wort «ex oriente lux» bezieht sich nicht nur auf die Weisheit der orientalischen Kultur und Mysterien, sondern auch auf den bewußtseinserweckenden Sonnenaufgang. In der Formulierung «ich muß mich orientieren» kommt dies zum Ausdruck: Ich muß mich dem Orient, dem Sonnenaufgangslicht zuwenden, das Überblick verschafft.

Heute ist damit nicht die Hinwendung zur äußeren Sonne, sondern zum inneren Licht, eine Entfachung der inneren Sonne gemeint. Jeder Mensch, der im Besinnen auf seine individuellen Ideale und Impulse sein Ich selbst hervorruft, wird in diesem Sinne zu einer Sonne. Er strahlt auf der seelischen Ebene Herzlichkeit und Wärme aus und auf geistigem Feld Bewußtsein, Licht. Man möchte den bekannten Buchtitel von Robert Jungk an dieser Stelle in ganz anderem Sinne verwenden: Je mehr es den Menschen gelingt, aus der Quelle ihres Ichs zu handeln, wird die Erde vom geistigen Gesichtspunkt aus «heller als tausend Sonnen».

So wie jede menschliche Zelle aus dem leblosen Zellkern mit seinen Erbinformationen und dem lebensvoll-dynamischen Plasma besteht, müssen zur Lebensentfaltung die Prinzipien von Sonne und Mond, von Lebens- und Gestaltungskraft zusammenwirken. In den wechselnden Mondphasen wird äußerlich sichtbar, wie dieses Zusammenspiel sich wandelt: Als Vollmond kommt der Mond in vollem Umfang als Spiegler des Sonnenlichtes zur Geltung, während er als Neumond von der Sonne völlig aufgenommen wird und in ihrem Glanz unsichtbar bleibt.

Bei einer Sonnenfinsternis kehrt sich das im Monat schwingende Verhältnis von Sonne und Mond plötzlich um. Der Mond dominiert zu einem Zeitpunkt, wo er als Neumond üblicherweise zurücktritt. Indem er sich vor die Sonne schiebt, drängt er für kurze Zeit das Lebensspendende der Sonne, ihr Licht, ihre Wärme zurück. Auf alle Lebewesen legt sich deshalb eine dem Tod verwandte Stimmung, die dazu führt, daß das Geistige der Lebewesen, das durch das Lebendige in den Körpern gehalten wird, sich etwas löst. Es gehört zum Schwersten bei der Beschreibung der Sonnenfinsterniserscheinungen, dieses Phänomen in Worte zu fassen.

Die totale Sonnenfinsternis vom 19. Juni 1936

Elisabeth Vreede*

Nicht jedem wird es zuteil, eine totale Sonnenfinsternis zu erleben; denn das Phänomen, wenn es auch nicht gerade selten auftritt, hat einen ausgesprochen lokalen Charakter, da es jedesmal nur über einem schmalen Landstreifen sichtbar ist. In Europa zum Beispiel, hat es, abgesehen von der in England und Skandinavien sichtbaren Finsternis vom 29. Juni 1927, kaum eine weitere totale Finsternis in diesem Jahrhundert gegeben.

So war es ein glückliches Ereignis in meinem Leben, als ich am 19. Juni dieses Jahres die Gelegenheit hatte, die totale Phase einer Sonnenfinsternis zu beobachten. Manche wichtige Phänomene können bekanntlich nur während einer totalen Verfinsterung beobachtet werden; darunter sind einige noch nicht befriedigend wissenschaftlich erklärt worden. Für mich kam es jedoch nicht darauf an «Erklärungen» zu finden, sondern die reinen Phänomene zu erleben in der Hoffnung, dadurch etwas tiefer in ihre Natur hineindringen zu können.

Einen geeigneten und nicht allzu entlegenen Beobachtungsort schien der «Bithynische Olymp» zu bieten, ein etwa 2500 m hoher Berg in Kleinasien, unweit vom Marmara-Meer. Die meisten größeren Expeditionen gingen nach Sibirien oder gar nach Japan, um eine längere Totalitätsperiode zu geniessen. Auf dem genannten Berg konnte man immerhin mit einer Dauer von 77 Sekunden rechnen, mit guten Aussichten auf günstige

---

* Aufsatz aus «The present Age» Vol. I Nr. 10 (1936). Übersetzung von John Meeks, Dornach. Elisabeth Vreede (1879 - 1943) war die von Rudolf Steiner 1924 ernannte erste Leiterin der Mathematisch-astronomischen Sektion am Goetheanum.

Wetterbedingungen. (Diese besondere Finsternis war von verhältnismäßig kurzer Dauer, mit einem Maximum von wenig mehr als 2 Minuten.)

Eine Sonnenfinsternis beginnt immer an einem Erdenort, wo das Tagesgestirn gerade aufgeht. Dies ist der Moment, wo der Mondschatten seinen ersten Kontakt mit der Erde macht. Darauf zieht der Schatten mit großer Geschwindigkeit von Westen nach Osten über die Erde hin, wobei er einen durchschnittlich 100 Kilometer breiten Landstreifen bedeckt. Der Schatten erreicht also verhältnismäßig schnell mehr östlich gelegene Erdengegenden, wo die Tageszeit entsprechend später ist. Die Finsternis endet durchschnittlich drei Stunden nach seinem ersten Auftreten, und immer an einem Ort, wo die Sonne gerade untergeht. Der Mondschatten, der so über die Erde huscht, braucht dabei nur wenige Minuten, um an einem bestimmten Ort vorbeizustreifen. Daraus kann ersehen werden, wie selten eine totale Sonnenfinsternis für eine bestimmte Lokalität ist. Die außerhalb der Totalitätszone liegenden Regionen, wo die Finsternis partiell ist, erstrecken sich über einen weit ausgedehnteren Teil der Erdoberfläche. Der verfinsterte Teil der Sonne ist natürlich umso kleiner, je weiter weg von der Totalitätszone sich der Beobachter befindet.

Am 19. Juni dieses Jahres nahm die Totalität ihren Ausgang vom Mittelmeer; von dort streifte sie über Südgriechenland, u. a. Athen, das Schwarze Meer, über das Gebiet zwischen dem Kaukasus und dem Ural, dann in nordöstlicher Richtung über Sibirien nach Japan hinüber, um im Stillen Ozean zu enden. Entlang dieser Linie waren die verschiedenen wissenschaftlichen Expeditionen stationiert.

Unsere Reise brachte uns zunächst nach Konstantinopel, oder Istanbul, wie es heute genannt wird. Nach einer vierstündigen Dampferfahrt über das Marmara-Meer kamen wir in Mudanya auf der kleinasiatischen Küste an, etwa 25 Kilometer von dem Städtchen Brussa oder Bursa entfernt, am Fuß des türkischen Olymps. Brussa liegt in einem breiten, von Ost nach West verlaufenden Tal zwischen zwei parallelen Gebirgsketten. Die nördliche Kette gehört zu den pontischen Alpen, die

der Südküste des Schwarzen Meeres entlanglaufen. Der
«Olymp» ist der höchste Gipfel der südlichen Kette. Der heutige Name des Berges ist Ula Dağ oder «Berg der Mönche», nach
den Bewohnern der vielen Klöster, die vor dem Vormarsch des
Mohammedanismus dort gediehen.

Am Vorabend der Finsternis waren einige Interessierte hin-
aufgestiegen. Seit mehreren Wochen waren schon Astronomen
von der Sternwarte in Kandili am Bosporus mit wissenschaftlichen Vorbereitungen beschäftigt. Ein felsiges Plateau auf dem
zweithöchsten Gipfel des Berges, etwa 2000 m ü. M., war als
idealer Beobachtungsort gewählt worden. Die Aussicht war in
allen Richtungen verhältnismäßig frei, außer im Süden, wo die
steilen Abhänge des höheren Berges (2500 m) die Aussicht teil-
weise verdeckten. Am Wichtigsten war, daß die Aussicht nach
Osten und Westen frei blieb, und daß man weit hinaus schauen
konnte. Unmittelbar unterhalb des Plateaus hatten die türkischen Wissenschaftler ihr Lager aufgeschlagen und eine An-
zahl Instrumente aufgestellt. Die größeren Instrumente waren
auf dem felsigen Gipfel selber; doch war genügend Platz übrig
für die etwa 100 Menschen – hauptsächlich Laien – die dorthin
gepilgert waren. Es kann keine sehr leichte Sache gewesen
sein, die Instrumente hinaufzutragen, denn die Autostraße
geht nur bis zu einem Hotel auf etwa 1800 Meter Höhe, von
dort bis zum Gipfel gibt es keine Straße mehr.

In der frühen Morgendämmerung erstiegen wir zusammen
die letzten paar hundert Meter. Der mit Veilchen überwachse-
ne Berghang war mit Wacholderbüschen bedeckt. Im selben
Moment, als wir oben anlangten, erhob sich die Sonne über die
Bergspitzen im Osten. Noch zeigte sich keine Spur von der
Verfinsterung; die Sonne ging im strahlenden Licht eines schönen Sommertages auf. Der Himmel war wolkenlos, und trotz
des Schnees, der immer noch die höchste Spitze des Ula Dagl
bedeckte, war die Luft mild und warm. Wenige Minuten nach-
her begann der Schatten des Mondes über die Sonne zu ziehen.
Von der rechten Seite her fraß sich die Finsternis immer tiefer
in die Lichtscheibe hinein. Dieses Phänomen ist von den partiellen Finsternissen her allgemein bekannt. Auch bei einer par-

tiellen Verfinsterung kann man etwas von der unbeschreibli-
chen Veränderung erleben, die über der Landschaft spürbar
wird, nicht nur in der Lichtqualität, sondern auch in der ganzen Stimmung der Umgebung. Das Tageslicht nimmt nicht nur
wie bei der Abenddämmerung ab, sondern es wird fahl und
aschgrau, leichenfarbig; eine unheimliche Stimmung der Bedrückung, der Angst und des Untergangs legt sich nach und
nach über die Erde. Die Vögel, die bis vor kurzem noch heiter
zwitscherten, werden stumm, die Tiere werden unruhig, und
auch das menschliche Herz kann das Gefühl nicht ganz ab-
wehren, das immer stärker die umgebende Erde in seinen
Bann zwingt. Ich betone mit Bedacht: «die umgebende Erde»,
denn alles, was sich gleichzeitig am Himmel abspielt, erscheint
viel weniger unheimlich wie das fahler werdende Licht auf der
Erde. Die sichtbare Oberfläche der Sonne nimmt ab, und auch
der Himmel wird dunkler, jedoch nicht in der gleichen Art wie
die Erde. Man spürt eine Art Entfremdung zwischen der irdischen und der kosmischen Seite des Geschehens. Oben erfül-
len sich die erhabenen Gesetze der kosmischen Rhythmen, die
die Finsternisse in ihren Perioden mit wunderbarer zeitlicher
und räumlicher Regelmäßigkeit hervorbringen. Unten ist die
Erde, beraubt des ihr gebührenden Tageslichtes, gleichsam einem entsetzlichen Verhängnis anheimgefallen, todeskrank
und elend – denn so ist der Eindruck.

Dieses Gefühl wächst immer stärker an bis zu dem Moment,
wo die Totalität eintritt. Dunkelheit ist über das ganze Firma-
ment ausgebreitet. Auf dem Horizont ist nur mehr ein schma-
ler Lichtkreis verblieben. Um nun die letzten paar Sekunden
vor der Totalität zu schildern: Vom Westen her sehen wir einen
dunklen Streifen rasch auf uns zueilen, von schmutzig-rötlich-
brauner Farbe ohne scharfen Umriss. Er ist der eigentliche
Kernschatten des Mondes, der mit großer Geschwindigkeit aus
dem Westen heranzieht, um auf einige Augenblicke die ganze
umgebende Welt in Dunkelheit einzutauchen. Und im gleichen
Moment, da uns der Schatten erreicht (wenn dieser Augenblick
auch schwer zu bestimmen ist) geschieht am östlichen Himmel
– das heißt, in der entgegengesetzten Richtung – das Wunder:

auf einmal verschwindet das Sonnenlicht ganz, die schwarze Mondscheibe bedeckt vollständig die Sonne, und im selben Augenblick leuchtet blitzartig die Sonnenkorona auf und daneben der Planet Venus. Sowohl die Korona wie auch Venus scheinen mit einem silbrigen Glanz; sie durchdringen gleichsam die bedrohende Dunkelheit mit ihrem durchsichtigen Leuchten, das weit über die verfinsterte Runde des Tagesgestirns hinausreicht. So plötzlich tritt diese Erscheinung ein, daß man verleitet wird, sie als theatralisch, melodramatisch zu beschreiben. Scheinbar erlebten es auch einige der anwesenden Türken so, denn sobald, nach Ablauf der 77 Sekunden, die Sonne mit gleicher Plötzlichkeit ihr Licht wieder hinausstrahlte und Venus und die Korona unsichtbar wurden, klatschten sie Beifall, wie nach einer gelungenen Aufführung!

Nun also war die Finsternis total. Während einiger unschätzbarer Sekunden waren wir Zeugen der wundervollen Korona, die nur während einer totalen Sonnenfinsternis beobachtet werden kann. Die Korona ist hell-leuchtend; sie war keineswegs kreisförmig, sondern eher horizontal, und aus verschieden stark ausgebildeten Lichtbändern geformt. Die silberigen Lichtbänder leuchten so intensiv, daß Venus, auf der rechten Seite, wie ein aus derselben Substanz destillierter Tropfen erschien. Keine anderen Sterne waren während der kurzen Dauer der Finsternis sichtbar, weder der zwischen der Sonne und Venus sich befindende Mars, noch der weiter entfernte Merkur, der – nahe der größten Elongation – bei Aldebaran im Stier stand. Auf jeden Fall war ich nicht imstande, diese Planeten aufzufinden, so sehr ich es auch versuchte. Denn die Dunkelheit war auch während der Totalität nicht sehr intensiv. Unmittelbar um die Sonne – oder vielleicht sollte ich sagen, um den Mond – war ein schmales Band helleren Lichtes, als wäre es dem Trabanten nicht gelungen, das Sonnenlicht ganz auszulöschen. (Innerhalb dieses Lichtkreises konnte man einige der rötlichen Protuberanzen sehen, die sich wie Flammenzungen über den Sonnenrand erheben.) Das Licht dieses inneren Kreises, zusammen mit der Korona, beleuchtete unsere Umgebung mit einem matten Dämmerlicht, das nicht mehr den todähnlichen Charakter hatte, wie in den letzten paar Minuten vor der Totalität.

Und nun, nicht weniger plötzlich, als es verschwunden war, kehrte das Sonnenlicht wieder zurück. Blitzartig waren Korona, Venus und die umgebende Dunkelheit verschwunden. Ein winziger Punkt strahlenden Lichtes, der am rechten Sonnenrand erschienen war, wuchs rasch zu einer kleinen Lichtscheibe, die einen Augenblick lang um den rechten Sonnenrand zu rotieren schien; danach nahm sie langsam an Größe und Helligkeit zu, die verschiedenen Grade der Partialität, die wir vorher beobachtet hatten, in umgekehrter Reihenfolge wiederholend.

In diesen ersten Momenten des wiederkehrenden Lichtes spielt sich ein eigentümliches Phänomen ab, das auch in diesem Fall beobachtet werden konnte. Auf einem felsigen Abhang im Norden sahen wir ein bewegtes Spiel von wellenartigen Schatten: eine rasche, periodische Oszillation von Licht und Dunkelheit. Nur einige Sekunden lang konnte diese Erscheinung gesehen werden. Sie ist bis heute noch nicht befriedigend erklärt worden. Später erfuhr ich, daß das Phänomen drunten im Brussatal mit noch größerer Intensität beobachtet wurde, «wie Wellen auf dem Meer».

Danach kehrte das Tageslicht schnell wieder zurück. Merkwürdig aber war, daß vom allerersten Moment an das wachsende Licht nicht mehr die unheimliche Qualität hatte wie kurz vor der Totalität. So schwach wie es auch am Anfang ist, macht das zerstreute, sich über die Erde langsam ausbreitende Licht einen normalen, gesunden Eindruck. Vorbei ist der bedrückende Alptraum, der auf der Erde zu lasten schien. Dieser Eindruck entsteht nicht allein durch den Zuwachs an Lichtintensität; vielmehr handelt es sich um einen radikalen Qualitätsunterschied – eine absolute Polarität: vorher Furcht und Beängstigung, verbunden mit eincr verhängnisvollen Weltuntergangsstimmung; danach die kurze aber prachtvolle Zwischenzeit der Totalität, die nicht mehr so unheimlich ist; und dann zuletzt das schwache, doch anscheinend normale Sonnenlicht, das von Moment zu Moment wächst. Die Natur scheint aus ihrer kalten Furcht zu erwachen: ein normales Leben entfaltet sich wieder. Die Vögel beginnen zu singen, sogar der Hahn findet es angebracht mit voller Stimme das wiederkehrende Tageslicht zu bestätigen. Von dem ersten Moment des wiederkehrenden Sonnenlichtes an ist die ganze Stimmung von Bedrückung und Verwirrung verschwunden. In dieser Hinsicht kann die Zeit unmittelbar nach der Totalität keineswegs verglichen werden mit der Zeit davor.

Obwohl sie eher in den Bereich der qualitativen Erfahrung als des genau Meß- und Bestimmbaren fällt, gibt diese Tatsache ein mindestens genau so großes Rätsel auf, wie das oben beschriebene Spiel der Schattenwellen. Wenn man nämlich in kontemplativer Rückschau das ganze Erlebnis zu überblicken versucht, wird man zu der Überzeugung geführt, daß die beiden Phänomene keineswegs ohne Zusammenhang sind, und daß die rätselvolle, eigentümliche Wellenjagd, die das zurückkehrende Licht zu durchzittern scheint, auch zunächst als rein qualitatives Phänomen zu nehmen ist. Solange die Finsternis im Zunehmen begriffen ist, scheint es, daß Himmel und Erde – der umgebende Makrokosmos und die unmittelbare Erdenumgebung – auseinandergerissen seien, während in einem mittleren Bereich zwischen den beiden ein ausgesprochen böses Element waltete. Haben zum Beispiel nicht die älteren Mythologien von einem Wolf oder einem Drachen gesprochen, der die Sonne verfolgte, und im Moment der Totalität verschlang? Im Beobachten einer totalen Finsternis kann man durchaus verstehen, daß eine Wahrheit in diesem mythischen Bild verborgen liegt, und daß weit mehr am Werke ist, als die bloß physische Abdeckung der Sonne durch den Mond. Aus der Erfahrung heraus möchte man sagen: Diese Stellung des Mondes vor der Sonne, wobei auf einen Augenblick die Mittelpunkte von Sonne, Mond und Erde genau in eine Linie fallen, dieser in erhabenem Gleichmaß sich wiederholende Rhythmus, wäre der Ausdruck großer Schönheit, Harmonie und heilvoller kosmischer Einwirkung, wenn nur der Mond lichtdurchläßig wäre. Doch ist er mit undurchläßiger Materie gefüllt, Materie, die einen dunklen Schatten zu werfen vermag.

Alles, was auf der Erde während der zunehmenden Phase der Finsternis stattfindet – die totenblaße Färbung des Lichtes, usw. – kann nicht auf eine äußerliche Art erklärt werden, denn würde dies zutreffen, so müßten genau dieselben Erscheinungen während der abnehmenden Phase in umgekehrter Reihenfolge wiederholt werden, was aber im qualitativen Sinne nicht der Fall ist.

Die Grundempfindung erinnert eher an den Sündenfall, als wäre dieser im Leben der Natur selber zum Ausdruck gebracht. Es ist, als ob auf einen kurzen Augenblick die Natur fähig würde, etwas Moralisches, Geistiges mit physischen, sinnlich-wahrnehmbaren Ausdrucksmitteln zu äußern; als ob alles, was die Sonne physisch und geistig für die Menschheit bedeutet, seinen Ausdruck finden könnte in dem vorübergehenden Verlust ihres Lichtes, der dadurch entsteht, daß der Mond an dem Irdischen, namentlich an der dunklen, undurchläßigen Materie teil hat, indem er einen dunklen Schatten auf die Erde wirft. Das Seltsame ist, daß der bedrückendste Augenblick in dieser Hinsicht in die Zeit fällt, wo sich der Kernschatten gerade dem eigenen Standort annähert, das heißt, die letzten Sekunden oder Minuten vor der Totalität. Sobald diese eingetroffen ist, überwiegt trotz der umgebenden Düsterheit der neue Eindruck der Majestät, des Wunders der um die Sonne aufleuchtenden Himmelserscheinungen, der Korona, usw. Der gegenseitige kosmische Aspekt von Sonne, Mond und Erde scheint dem in der ganzen Weltevolution begründeten Verhältnis dieser drei Himmelskörper Ausdruck zu verleihen, ein Ereignis, das wir mit Scheu und Ehrfurcht erleben, trotz der Dunkelheit, die der Mondschatten hervorruft. (Vgl. Rudolf Steiner, «Die Geheimwissenschaft im Umriß», das Kapitel «Die Weltentwickelung und der Mensch»).[1] Der Riß zwischen Himmel und Erde scheint versöhnt und überwunden.

Danach bewegen sich die Drei wieder auseinander. Der Schatten ist von der Erde weggerückt, oder zunächst natürlich von dem eigenen Standort. Normale Zustände behaupten sich

1 Rudolf-Steiner-Verlag, Dornach, Bibl. Nr. 13

wieder, die kosmische Krankheit ist überstanden. Und indem der Kosmos, vertreten durch Sonne, Mond und Erde, sein normales Gleichgewicht wieder erlangt, überrieselt ein kurzer Schauer die Erde, vergleichbar der kühlen Morgenbrise, die oft dem Tagesanbruch unmittelbar vorangeht. Es ist ein Zittern jedoch nicht der Luft, sondern des Lichtes, das wieder in die Dunkelheit eindringt. Zitternde Wellen von Licht und Schatten laufen über jede Wand während der ersten Wiederkehr des Lichtes. Danach ist das Gleichgewicht wieder hergestellt, und in der letzten Phase der Finsternis empfinden wir, daß alle Schrecken, die die erste Phase zu zeigen schien, verschwunden sind.

Eine solche Beschreibung macht zwar nicht den Anspruch, eine wissenschaftliche Erklärung im üblichen Sinne zu sein. Vom Standpunkt der Physik sind die laufenden Schattenwellen bis heute nicht erklärt. Unser Versuch besteht vielmehr darin, eine qualitative Deutung der Phänomene zu bieten. Wer die abnehmende Phase einer Sonnenfinsternis gleichsetzt der zunehmenden – abgesehen von der umgekehrten Reihenfolge – übersieht, zum mindesten, einen wesentlichen und sehr auffallenden Unterschied, wenn dieser auch nur qualitativ ist. Nur durch die Berücksichtigung des Qualitativen werden wir uns allmählich dem inneren Wesen solcher erhabener Phänomene, wie die Sonnen- und Mondfinsternisse es sind, annähern können – Phänomene, die Rudolf Steiner beschrieb als «solche Übergangserscheinungen..., die zwischen dem rein Physisch-Kosmischen und dem Kosmisch-Geistigen mitten drinnen stehen».[2]

2 Vortrag vom 25. Juni 1922, «Menschenfragen und Weltenantworten», Rudolf-Steiner-Verlag, Dornach, Bibl. Nr. 213

Die Sonnenfinsternis am 8. Juli 1842

Adalbert Stifter

Es gibt Dinge, die man fünfzig Jahre weiß, und im einundfünfzigsten erstaunt man über die Schwere und Furchtbarkeit ihres
Inhaltes. So ist es mir mit der totalen Sonnenfinsternis ergangen, welche wir in Wien am 8. Juli 1842 in den frühesten Mor-
genstunden bei dem günstigsten Himmel erlebten. Da ich die
Sache recht schön auf dem Papiere durch eine Zeichnung und
Rechnung darstellen kann, und da ich wußte, um soundso viel
Uhr trete der Mond unter der Sonne weg und die Erde schneide ein Stück seines kegelförmigen Schattens ab, welches dann
wegen des Fortschreitens des Mondes in seiner Bahn und wegen der Achsendrehung der Erde einen schwarzen Streifen
über ihre Kugel ziehe, was man dann an verschiedenen Orten
zu verschiedenen Zeiten in der Art sieht, daß eine schwarze
Scheibe in die Sonne zu rücken scheint, von ihr immer mehr
und mehr wegnimmt, bis nur eine schmale Sichel übrigbleibt,
und endlich auch die verschwindet – auf Erden wird es da
immer finsterer und finsterer, bis wieder am andern Ende die
Sonnensichel erscheint und wächst, und das Licht auf Erden
nach und nach wieder zum vollen Tag anschwillt – dies alles
wußte ich voraus, und zwar so gut, daß ich eine totale Sonnenfinsternis im voraus so treu beschreiben zu können vermeinte,
als hätte ich sie bereits gesehen. Aber, da sie nun wirklich ein-
traf, da ich auf einer Warte hoch über der ganzen Stadt stand
und die Erscheinung mit eigenen Augen anblickte, da geschahen freilich ganz andere Dinge, an die ich weder wachend
noch träumend gedacht hatte, an die keiner denkt, der das
Wunder nicht gesehen.

    Nie und nie in meinem ganzen Leben war ich so erschüttert,

Der Text von Stifter ist
entnommen den
Gesammelten Werken,
hg. von , M. Stefl,
Wiesbaden 1959.

von Schauer und Erhabenheit so erschüttert, wie in diesen zwei Minuten, es war nicht anders, als hätte Gott auf einmal ein deutliches Wort gesprochen und ich hätte es verstanden. Ich stieg von der Warte herab, wie vor tausend und tausend Jahren etwa Moses von dem brennenden Berge herabgestiegen sein mochte, verwirrten und betäubten Herzens.

Es war ein so einfach Ding. Ein Körper leuchtet einen andern an, und dieser wirft seinen Schatten auf einen dritten: aber die Körper stehen in solchen Abständen, daß wir in unserer Vorstellung kein Maß mehr dafür haben, sie sind so riesengroß, daß sie über alles, was wir groß heißen, hinausschwellen – ein solcher Komplex von Erscheinungen ist mit diesem einfachen Dinge verbunden, eine solche moralische Gewalt ist in diesen physischen Hergang gelegt, daß er sich unserem Herzen zum unbegreiflichen Wunder auftürmt.

Vor tausendmal tausend Jahren hat Gott es so gemacht, daß es heute zu dieser Sekunde sein wird; in unsere Herzen aber hat er die Fibern gelegt, es zu empfinden. Durch die Schrift seiner Sterne hat er versprochen, daß es kommen werde nach tausend und tausend Jahren, unsere Väter haben diese Schrift entziffern gelernt und die Sekunde angesagt, in der es eintreffen müsse; wir, die späten Enkel, richten unsere Augen und Sehrohre zu gedachter Sekunde gegen die Sonne, und siehe: es kommt – der Verstand triumphiert schon, daß er ihm die Pracht und Einrichtung seiner Himmel nachgerechnet und abgelernt hat – und in der Tat, der Triumph ist einer der gerechtesten des Menschen – es kommt, stille wächst es weiter – aber siehe, Gott gab ihm auch für das Herz etwas mit, was wir nicht vorausgewußt und was millionenmal mehr wert ist, als was der Verstand begriff und vorausrechnen konnte: das Wort gab er ihm mit: «Ich bin – nicht darum bin ich, weil diese Körper sind und diese Erscheinung, nein, sondern darum, weil es euch in diesem Momente euer Herz schauernd sagt, und weil dieses Herz sich doch trotz der Schauer als groß empfindet.» – Das Tier hat gefürchtet, der Mensch hat angebetet. ...

Ich stieg um 5 Uhr auf die Warte des Hauses Nr. 495 in der Stadt, von wo aus man die Übersicht nicht nur über die ganze

Stadt hat, sondern auch über das Land um dieselbe, bis zum fernsten Horizonte, an dem die ungarischen Berge wie zarte Luftbilder dämmern. Die Sonne war bereits herauf und glänzte freundlich auf die rauchenden Donauauen nieder, auf die spiegelnden Wasser und auf die vielkantigen Formen der Stadt, vorzüglich auf die Stephanskirche, die fast greifbar nahe an uns aus der Stadt, wie ein dunkles, ruhiges Gebirge, emporstand.

Mit einem seltsamen Gefühl schaute man die Sonne an, da an ihr nach wenigen Minuten so Merkwürdiges vorgehen sollte. Weit draußen, wo der große Strom geht, lag eine dicke, langgestreckte Nebellinie, auch im südöstlichen Horizonte krochen Nebel und Wolkenballen herum, die wir sehr fürchteten, und ganze Teile der Stadt schwammen in Dunst hinaus. An der Stelle der Sonne waren nur ganz schwache Schleier, und auch diese ließen große blaue Inseln durchblicken.

Die Instrumente wurden gestellt, die Sonnengläser in Bereitschaft gehalten, aber es war noch nicht an der Zeit. Unten ging das Gerassel der Wägen, das Laufen und Treiben an – oben sammelten sich betrachtende Menschen; unsere Warte füllte sich, aus den Dachfenstern der umstehenden Häuser blickten Köpfe, auf Dachfirsten standen Gestalten, alle nach derselben Stelle des Himmels blickend, selbst auf der äußersten Spitze des Stephansturmes, auf der letzten Platte des Baugerüstes stand eine schwarze Gruppe, wie auf Felsen oft ein Schöpfchen Waldanflug – und wie viele tausend Augen mochten in diesem Augenblicke von den umliegenden Bergen nach der Sonne schauen, nach derselben Sonne, die Jahrtausende den Segen herabschüttet, ohne daß einer dankt – heute ist sie das Ziel von Millionen Augen, aber immer noch, wie man sie mit dämpfenden Gläsern anschaut, schwebt sie als rote oder grüne Kugel rein und schön umzirkelt in dem Raume.

Endlich zur vorausgesagten Minute – gleichsam wie von einem unsichtbaren Engel – empfing sie den sanften Todeskuß, ein feiner Streifen ihres Lichtes wich vor dem Hauche dieses Kusses zurück, der andere Rand wallte in dem Glase des Sternenrohres zart und golden fort – «es kommt», riefen nun auch die, welche bloß mit dämpfenden Gläsern, aber sonst mit freien Augen hinaufschauten – «es kommt», und mit Spannung blickte nun alles auf den Fortgang.

Die erste, seltsame, fremde Empfindung rieselte nun durch die Herzen, es war die, daß draußen in der Entfernung von Tausenden und Millionen Meilen, wohin nie ein Mensch gedrungen, an Körpern, deren Wesen nie ein Mensch erkannte, nun auf einmal etwas zur selben Sekunde geschehe, auf die es schon längst der Mensch auf Erden festgesetzt.

Man wende nicht ein, die Sache sei ja natürlich und aus den Bewegungsgesetzen der Körper leicht zu berechnen; die wunderbare Magie des Schönen, die Gott den Dingen mitgab, frägt nichts nach solchen Rechnungen, sie ist da, weil sie da ist, ja sie ist trotz der Rechnungen da, und selig das Herz, welches sie empfinden kann; denn nur dies ist Reichtum, und einen andern gibt es nicht – schon in dem ungeheuern Raume des Himmels wohnt das Erhabene, das unsere Seele überwältigt, und doch ist dieser Raum in der Mathematik sonst nichts als groß.

Indes nun alle schauten und man bald dieses, bald jenes Rohr rückte und stellte und sich auf dies und jenes aufmerksam machte, wuchs das unsichtbare Dunkel immer mehr und mehr in das schöne Licht der Sonne ein – alle harrten, die Spannung stieg; aber so gewaltig ist die Fülle dieses Lichtmeeres, das von dem Sonnenkörper niederregnet, daß man auf Erden keinen Mangel fühlte, die Wolken glänzten fort, das Band des Wassers schimmerte, die Vögel flogen und kreuzten lustig über den Dächern, die Stephanstürme warfen ruhig ihre Schatten gegen das funkelnde Dach, über die Brücke wimmelte das Fahren und Reiten wie sonst, sie ahneten nicht, daß indessen oben der Balsam des Lebens, Licht, heimlich versiege, dennoch draußen an dem Kahlengebirge und jenseits des Schlosses Belvedere war es schon, als schliche eine Finsternis oder vielmehr ein bleigraues Licht, wie ein wildes Tier heran – aber es konnte auch Täuschung sein, auf unserer Warte war es lieb und hell, und Wangen und Angesichter der Nahestehenden waren klar und freundlich wie immer.

Seltsam war es, daß dies unheimliche, klumpenhafte, tief

schwarze, vorrückende Ding, das langsam die Sonne wegfraß, unser Mond sein sollte, der schöne sanfte Mond, der sonst die Nächte so florig silbern beglänzte; aber doch war er es, und im Sternenrohr erschienen auch seine Ränder mit Zacken und Wulsten besetzt, den furchtbaren Bergen, die sich auf dem uns so freundlich lächelnden Runde türmen.

Endlich wurden auch auf Erden die Wirkungen sichtbar und immer mehr, je schmäler die am Himmel glühende Sichel wurde; der Fluß schimmerte nicht mehr, sondern war ein taftgraues Band, matte Schatten lagen umher, die Schwalben wurden unruhig, der schöne sanfte Glanz des Himmels erlosch, als liefe er von einem Hauche matt an, ein kühles Lüftchen hob sich und stieß gegen uns, über die Auen starrte ein unbeschreiblich seltsames, aber bleischweres Licht, über den Wäldern war mit dem Lichterspiele die Beweglichkeit verschwunden, und Ruhe lag auf ihnen, aber nicht die des Schlummers, sondern die der Ohnmacht – und immer fahler goß sich's über die Landschaft, und diese wurde immer starrer – die Schatten unserer Gestalten legten sich leer und inhaltslos gegen das Gemäuer, die Gesichter wurden aschgrau – – erschütternd war dieses allmähliche Sterben mitten in der noch vor wenigen Minuten herrschenden Frische des Morgens.

Wir hatten uns das Eindämmern wie etwa ein Abendwerden vorgestellt, nur ohne Abendröte; wie geisterhaft ein Abendwerden ohne Abendröte sei, hatten wir uns nicht vorgestellt, aber auch außerdem war dies Dämmern ein ganz anderes, es war ein lastend unheimliches Entfremden unserer Natur; gegen Südost lag eine fremde, gelbrote Finsternis, und die Berge und selbst das Belvedere wurden von ihr eingetrunken – die Stadt sank zu unsern Füßen immer tiefer, wie ein wesenloses Schattenspiel hinab, das Fahren und Gehen und Reiten über die Brücke geschah, als sähe man es in einem schwarzen Spiegel – die Spannung stieg aufs höchste – einen Blick tat ich noch in das Sternrohr, er war der letzte; so schmal wie mit der Schneide eines Federmessers in das Dunkel geritzt, stand nur mehr die glühende Sichel da, jeden Augenblick zum Erlöschen, und wie ich das freie Auge hob, sah ich auch, daß bereits alle andern die Sonnengläser weggetan und bloßen Auges hinaufschauten – sie hatten auch keines mehr nötig; denn nicht anders als wie der letzte Funke eines erlöschenden Dochtes schmolz eben auch der letzte Sonnenfunken weg, wahrscheinlich durch die Schlucht zwischen zwei Mondbergen zurück – es war ein überaus trauriger Augenblick – deckend stand nun Scheibe auf Scheibe – und dieser Moment war es eigentlich, der wahrhaft herzzermalmend wirkte – das hatte keiner geahnet – ein einstimmiges «Ah» aus aller Munde, und dann Totenstille, es war der Moment, da Gott redete und die Menschen horchten.

Hatte uns früher das allmähliche Erblassen und Einschwinden der Natur gedrückt und verödet, und hatten wir uns das nur fortgehend in eine Art Tod schwindend gedacht: so wurden wir nun plötzlich aufgeschreckt und emporgerissen durch die furchtbare Kraft und Gewalt der Bewegung, die da auf einmal durch den ganzen Himmel ging: die Horizontwolken, die wir früher gefürchtet, halfen das Phänomen erst recht bauen, sie standen nun wie Riesen auf, von ihrem Scheitel rann ein fürchterliches Rot, und in tiefem, kaltem, schwerem Blau wölbten sie sich unter und drückten den Horizont – Nebelbänke, die schon lange am äußersten Erdsaume gequollen und bloß mißfärbig gewesen waren, machten sich nun geltend und schauerten in einem zarten, furchtbaren Glanze, der sie überlief – Farben, die nie ein Auge gesehen, schweiften durch den Himmel.

Der Mond stand mitten in der Sonne, aber nicht mehr als schwarze Scheibe, sondern gleichsam halb transparent wie mit einem leichten Stahlschimmer überlaufen, rings um ihn kein Sonnenrand, sondern ein wundervoller, schöner Kreis von Schimmer, bläulich, rötlich, in Strahlen auseinanderbrechend, nicht anders, als gösse die obenstehende Sonne ihre Lichtflut auf die Mondeskugel nieder, daß es rings auseinanderspritzte – das Holdeste, was ich je an Lichtwirkung sah!

Draußen weit über das Marchfeld hin lag schief eine lange, spitze Lichtpyramide gräßlich gelb, in Schwefelfarbe flammend und unnatürlich blau gesäumt; es war die jenseits des Schattens beleuchtete Atmosphäre, aber nie schien ein Licht so wenig irdisch und so furchtbar, und von ihm floß das aus,

mittels dessen wir sahen. Hatte uns die frühere Eintönigkeit
verödet, so waren wir jetzt erdrückt von Kraft und Glanz und
Massen – unsere eigenen Gestalten hafteten darinnen wie
schwarze, hohle Gespenster, die keine Tiefe haben; das Phan-
tom der Stephanskirche hing in der Luft, die andere Stadt war
ein Schatten, alles Rasseln hatte aufgehört, über die Brücke war
keine Bewegung mehr; denn jeder Wagen und Reiter stand
und jedes Auge schaute zum Himmel.

Nie, nie werde ich jene zwei Minuten vergessen – es war die
Ohnmacht eines Riesenkörpers, unserer Erde. Wie heilig, wie
unbegreiflich und wie furchtbar ist jenes Ding, das uns stets
umflutet, das wir seelenlos genießen und das unseren Erdball
mit solchen Schaudern zittern macht, wenn es sich entzieht,
das Licht, wenn es sich nur kurz entzieht. Die Luft wurde kalt,
empfindlich kalt, es fiel Tau, daß Kleider und Instrumente
feucht waren – die Tiere entsetzten sich; was ist das schreck-
lichste Gewitter, es ist ein lärmender Trödel gegen diese todes-
stille Majestät – mir fiel Lord Byrons Gedicht ein: Die Finsternis, wo die Menschen Häuser anzünden, Wälder anzünden,
um nur Licht zu sehen – aber auch eine solche Erhabenheit, ich
möchte sagen Gottesnähe, war in der Erscheinung dieser zwei
Minuten, daß dem Herzen nicht anders war, als müsse er ir-
gendwo stehen.

Byron war viel zu klein – es kamen, wie auf einmal, jene
Worte des heiligen Buches in meinen Sinn, die Worte bei dem
Tode Christi: «Die Sonne verfinsterte sich, die Erde bebte, die
Toten standen aus den Gräbern auf, und der Vorhang des Tem-
pels zerriß von oben bis unten.»

Auch wurde die Wirkung auf alle Menschenherzen sichtbar.
Nach dem ersten Verstummen des Schrecks geschahen unarti-
kulierte Laute der Bewunderung und des Staunens: der eine
hob die Hände empor, der andere rang sie leise vor Bewegung,
andere ergriffen sich bei denselben und drückten sich – eine
Frau begann heftig zu weinen, eine andere in dem Hause neben uns fiel in Ohnmacht, und ein Mann, ein ernster fester
Mann, hat mir später gesagt, daß ihm die Tränen herabgeron-
nen.

Ich habe immer die alten Beschreibungen von Sonnenfinsternissen für übertrieben gehalten, so wie vielleicht in späterer Zeit diese für übertrieben wird gehalten werden; aber alle, so wie diese, sind weit hinter der Wahrheit zurück. Sie können nur das Gesehene malen, aber schlecht, das Gefühlte noch schlechter, aber gar nicht die namenlos tragische Musik von Farben und Lichtern, die durch den ganzen Himmel liegt – ein Requiem, ein Dies irae, das unser Herz spaltet, daß es Gott sieht und seine teuren Verstorbenen, daß es in ihm rufen muß: «Herr, wie groß und herrlich sind deine Werke, wie sind wir Staub vor dir, daß du uns durch das bloße Weghauchen eines Lichtteilchens vernichten kannst und unsere Welt, den holdvertrauten Wohnort, in einen fremden Raum verwandelst, darin Larven starren!»

Aber wie alles in der Schöpfung sein rechtes Maß hat, auch diese Erscheinung, sie dauerte zum Glücke sehr kurz, gleichsam nur den Mantel hat er von seiner Gestalt gelüftet, daß wir hineingehen, und Augenblicks wieder zugehüllt, daß alles sei wie früher.

Gerade, da die Menschen anfingen, ihren Empfindungen Worte zu geben, also da sie nachzulassen begannen, da man eben ausrief: «Wie herrlich, wie furchtbar» – gerade in diesem Momente hörte es auf: mit eins war die Jenseitswelt verschwunden und die hiesige wieder da, ein einziger Lichttropfen quoll am oberen Rande wie ein weißschmelzendes Metall hervor, und wir hatten unsere Welt wieder – er drängte sich hervor, dieser Tropfen, wie wenn die Sonne selber darüber froh wäre, daß sie überwunden habe, ein Strahl schoß gleich durch den Raum, ein zweiter machte sich Platz – aber ehe man nur Zeit hatte zu rufen: «Ach!» bei dem ersten Blitz des ersten Atomes, war die Larvenwelt verschwunden und die unsere wieder da: und das bleifarbene Lichtgrauen, das uns vor dem Erlöschen so ängstlich schien, war uns nun Erquickung, Labsal, Freund und Bekannter, die Dinge warfen wieder Schatten, das Wasser glänzte, die Bäume waren wieder grün, wir sahen uns in die Augen – siegreich kam Strahl an Strahl, und wie schmal, wie winzig schmal auch nur noch erst der leuchtend Zirkel war, es schien, als sei uns ein

Ozean von Licht geschenkt worden – man kann es nicht sagen, und der es nicht erlebt, glaubt es kaum, welche freudige, welche siegende Erleichterung in die Herzen kam: wir schüttelten uns die Hände, wir sagten, daß wir uns zeitlebens daran erinnern wollen, daß wir das miteinander gesehen haben – man hörte einzelne Laute, wie sich die Menschen von den Dächern und über die Gassen zuriefen, das Fahren und Lärmen begann wieder, selbst die Tiere empfanden es; die Pferde wieherten, die Sperlinge auf den Dächern begannen ein Freudengeschrei, so grell und närrisch, wie sie es gewöhnlich tun, wenn sie sehr aufgeregt sind, und die Schwalben schossen blitzend und kreuzend hinauf, hinab, in der Luft umher.

Das Wachsen des Lichtes machte keine Wirkung mehr, fast keiner wartete den Austritt ab, die Instrumente wurden abgeschraubt, wir stiegen hinab, und auf allen Straßen und Wegen waren heimkehrende Gruppen und Züge in den heftigsten, exaltiertesten Gesprächen und Ausrufungen begriffen. Und ehe sich noch die Wellen der Bewunderung und Anbetung gelegt hatten, ehe man mit Freunden und Bekannten ausreden konnte, wie auf diesen, wie auf jenen, wie hier, wie dort die Erscheinung gewirkt habe, stand wieder das schöne, holde, wärmende, funkelnde Rund in den freundlichen Lüften, und das Werk des Tages ging fort.

Wie lange aber das Herz des Menschen fortwogte, bis es auch wieder in sein Tagewerk kam, wer kann es sagen? Gebe Gott, daß der Eindruck recht lange nachhalte, er war ein herrlicher, dessen selbst ein hundertjähriges Menschenleben wenige aufzuweisen haben wird. Ich weiß, daß ich nie, weder von Musik noch Dichtkunst, noch von irgendeiner Naturerscheinung oder Kunst so ergriffen und erschüttert worden war – freilich bin ich seit Kindheitstagen viel, ich möchte fast sagen, ausschließlich mit der Natur umgegangen und habe mein Herz an ihre Sprache gewöhnt und liebe diese Sprache, vielleicht einseitiger, als es gut ist; aber denke, es kann kein Herz geben, dem nicht diese Erscheinung einen unverlöschlichen Eindruck zurückgelassen habe.

Tabellen

Verlauf der Sonnenfinsternis innerhalb der Totalitätszone

Deutschland   (Angaben in Stunde, Minute, Sekunde)

Ort	Beginn der Finsternis	Beginn der Totalität	Ende der Totalität	Ende der Finsternis	Dauer der Totalität
Aalen	11.14.28	12.34.32	12.36.35	13.58.18	2m03s
Augsburg	11.15.26	12.35.53	12.38.10	14.00.03	2m17s
Backnang	11.13.34	12.33.23	12.35.27	13.57.07	2m04s
Baden-Baden	11.11.49	12.31.22	12.33.33	13.55.19	2m11s
Böblingen	11.12.52	12.32.40	12.34.55	13.56.41	2m14s
Bruchsal	11.12.29	12.32.03	12.33.58	13.55.36	1m56s
Dachau	11.16.13	12.36.54	12.39.10	14.01.07	2m16s
Esslingen	11.13.15	12.33.03	12.35.21	13.57.02	2m17s
Ettlingen	11.12.08	12.31.36	12.33.51	13.55.27	2m16s
Freising	11.16.41	12.37.20	12.39.37	14.01.26	2m17s
Fürstenf.br.	11.15.53	12.36.41	12.38.45	14.00.52	2m04s
Gaggenau	11.11.57	12.31.29	12.33.43	13.55.25	2m14s
Geislingen	11.14.00	12.34.02	12.36.20	13.58.07	2m17s
Göppingen	11.13.48	12.33.44	12.36.02	13.57.45	2m17s
Heidenheim	11.14.27	12.34.33	12.36.49	13.58.33	2m16s
Heilbronn	11.13.23	12.33.19	12.34.48	13.56.37	1m29s
Ingolstadt	11.16.26	12.37.11	12.38.35	14.00.35	1m24s
Kaiserslautern	11.11.33	12.31.11	12.32.06	13.53.59	0m55s
Karlsruhe	11.12.12	12.31.39	12.33.47	13.55.21	2m08s
Kirchheim	11.13.28	12.33.23	12.35.40	13.57.26	2m16s
Landau	11.11.54	12.31.17	12.33.10	13.54.45	1m53s
Landshut	11.17.23	12.38.14	12.40.02	14.01.57	1m48s
Ludwigsburg	11.13.12	12.32.56	12.35.09	13.56.47	2m12s
München	11.16.20	12.37.12	12.39.20	14.01.25	2m08s
Neunkirchen	11.10.41	12.29.43	12.31.36	13.53.05	1m53s
Neustadt	11.12.00	12.31.39	12.32.50	13.54.39	1m10s
Neu-Ulm	11.14.09	12.34.31	12.36.34	13.58.37	2m03s
Offenburg	11.11.15	12.31.42	12.32.20	13.55.05	0m38s

Ort	Beginn der Finsternis	Beginn der Totalität	Ende der Totalität	Ende der Finsternis	Dauer der Totalität
Pforzheim	11.12.32	12.32.06	12.34.21	13.55.58	2m15s
Pirmasens	11.11.11	12.30.21	12.32.25	13.53.54	2m04s
Rastatt	11.11.49	12.31.16	12.33.32	13.55.11	2m15s
Reutlingen	11.13.00	12.33.08	12.35.04	13.57.08	1m56s
Rosenheim	11.17.04	12.38.32	12.40.05	14.02.37	1m33s
Rottenburg	11.12.38	12.32.49	12.34.33	13.56.44	1m44s
Saarbrücken	11.10.22	12.29.17	12.31.27	13.52.52	2m09s
Saarlouis	11.10.08	12.28.59	12.30.59	13.52.23	2m00s
St. Ingbert	11.10.34	12.29.32	12.31.34	13.53.01	2m02s
St. Wendel	11.10.46	12.30.00	12.31.19	13.52.59	1m19s
Schw.Gmünd	11.14.01	12.33.58	12.36.09	13.57.51	2m12s
Sindelfingen	11.12.51	12.32.38	12.34.53	13.56.39	2m15s
Sinsheim	11.12.59	12.32.58	12.34.01	13.55.58	1m03s
Speyer	11.12.24	12.32.12	12.33.17	13.55.10	1m05s
Stuttgart	11.13.09	12.32.55	12.35.12	13.56.53	2m17s
Tübingen	11.12.48	12.32.52	12.34.49	13.56.52	1m57s
Ulm	11.14.08	12.34.28	12.36.33	13.58.34	2m05s
Zweibrücken	11.10.53	12.29.57	12.31.59	13.53.27	2m02s

Österreich

Ort	Beginn der Finsternis	Beginn der Totalität	Ende der Totalität	Ende der Finsternis	Dauer der Totalität
Bad Ischl	11.19.21	12.40.56	12.43.03	14.05.13	2m08s
Bruck	11.21.54	12.43.55	12.46.10	14.08.14	2m15s
Gmunden	11.19.42	12.41.03	12.43.23	14.05.17	2m20s
Graz	11.22.08	12.44.56	12.46.09	14.08.55	1m12s
Kapfenberg	11.21.57	12.43.57	12.46.14	14.08.16	2m16s
Knittelfeld	11.21.10	12.43.44	12.45.00	14.07.45	1m16s
Leoben	11.21.37	12.43.42	12.45.49	14.08.00	2m07s
Linz	11.20.35	12.42.40	12.43.10	14.05.39	0m30s
Neunkirchen	11.23.17	12.45.23	12.47.14	14.09.09	1m50s
Ried	11.19.19	12.40.34	12.42.35	14.04.28	2m01s
Salzburg	11.18.28	12.39.55	12.41.57	14.04.11	2m02s
Steyr	11.20.42	12.42.16	12.44.13	14.06.07	1m57s
Wels	11.20.08	12.41.36	12.43.26	14.05.23	1m50s
Wiener N.	11.23.34	12.46.00	12.47.06	14.09.17	1m06s

Frankreich

Ort	Beginn der Finsternis	Beginn der Totalität	Ende der Totalität	Ende der Finsternis	Dauer der Totalität
Amiens	11.04.54	12.22.04	12.23.55	13.44.40	1m51s
Beauvais	11.04.16	12.21.36	12.23.30	13.44.32	1m54s
Bolbec	11.02.30	12.19.12	12.21.03	13.41.47	1m51s
Chauny	11.05.47	12.23.16	12.25.27	13.46.20	2m10s
Compiàgne	11.05.10	12.22.42	12.24.44	13.45.48	2m02s
Creil	11.04.37	12.22.25	12.23.52	13.45.18	1m27s
Dieppe	11.03.30	12.20.09	12.22.09	13.42.38	2m01s
Fécamp	11.02.31	12.18.57	12.21.04	13.41.31	2m07s
Forbach	11.10.14	12.29.07	12.31.20	13.52.46	2m13s
Forges-les-E.	11.03.47	12.20.43	12.22.50	13.43.33	2m07s
Hagondange	11.09.17	12.27.55	12.30.09	13.51.29	2m14s
Haguenau	11.11.13	12.30.38	12.32.47	13.54.31	2m09s
Hayange	11.09.12	12.27.46	12.29.56	13.51.14	2m10s
Le Havre	11.02.02	12.18.48	12.20.20	13.41.13	1m31s
Longwy	11.08.57	12.27.27	12.29.20	13.50.38	1m53s
Metz	11.09.13	12.27.55	12.30.09	13.51.35	2m13s
Moyeuvre G.	11.09.07	12.27.42	12.29.56	13.51.16	2m14s
Noyon	11.05.30	12.22.55	12.25.06	13.46.00	2m11s
Reims	11.06.32	12.24.36	12.26.35	13.47.55	1m59s
Rethel	11.07.09	12.25.04	12.27.15	13.48.19	2m10s
Rouen	11.03.06	12.20.11	12.21.50	13.42.51	1m40s
Saint-Avold	11.09.54	12.28.47	12.31.02	13.52.29	2m15s
Saint-Étienne	11.03.03	12.20.20	12.21.42	13.42.54	1m22s
Saint-Quentin	11.06.03	12.23.39	12.25.22	13.46.19	1m43s
Sarrebourg	11.10.09	12.29.41	12.31.18	13.53.21	1m38s
Saverne	11.10.35	12.30.07	12.31.55	13.53.53	1m49s
Sedan	11.08.01	12.26.19	12.27.54	13.49.10	1m35s
Soissons	11.05.44	12.23.28	12.25.31	13.46.40	2m03s
Straßburg	11.11.02	12.30.58	12.32.22	13.54.39	1m24s
Thionville	11.09.22	12.27.59	12.30.05	13.51.24	2m07s
Verdun	11.08.12	12.26.41	12.28.50	13.50.14	2m09s

Verlauf der Sonnenfinsternis außerhalb der Totalitätszone

Schweiz

	Beginn der Finsternis	Maximum der Finsternis	Ende der Finsternis	Grad der Bedeckung
Basel	11.10.15	12.31.27	13.55.08	97,35%
Bern	11.09.45	12.31.15	13.55.19	95,19%
Luzern	11.11.03	12.32.46	13.56.47	96,02%
Zürich	11.11.32	12.33.08	13.56.56	97,30%
Chur	11.12.47	12.35.00	13.59.07	96,04%
Genf	11.07.37	12.29.01	13.53.28	91,80%
Lugano	11.11.41	12.34.09	13.58.47	92,74%

Österreich

	Beginn der Finsternis	Maximum der Finsternis	Ende der Finsternis	Grad der Bedeckung
Eisenstadt	11.24.02	12.47.02	14.09.41	100,0%
Innsbruck	11.15.47	12.38.15	14.02.01	98,5%
Judenburg	11.20.53	12.44.07	14.07.34	100,0%
Klagenfurt	11.20.12	12.43.44	14.07.35	98,3%
Voitsberg	11.21.41	12.45.04	14.08.31	100,0%
Wien	11.23.47	12.46.29	14.08.55	99,2%

Deutschland

	Beginn der Finsternis	Maximum der Finsternis	Ende der Finsternis	Grad der Bedeckung
Aachen	11.10.17	12.28.58	13.50.13	96,9%
Berlin	11.21.13	12.39.54	13.59.16	87,2%
Bielefeld	11.14.21	12.32.41	13.52.52	91,5%
Bockum	11.11.32	12.29.59	13.50.47	94,7%
Bonn	11.11.32	12.30.31	13.51.50	96,6%
Bottrop	11.11.55	12.30.16	13.50.55	94,0%
Braunschweig	11.17.10	12.35.40	13.55.32	89,6%

	Beginn der Finsternis	Maximum der Finsternis	Ende der Finsternis	Grad der Bedeckung
Bremen	11.15.35	12.33.05	13.52.18	87,8%
Bremerhaven	11.15.41	12.32.43	13.51.28	86,3%
Darmstadt	11.13.04	12.33.04	13.55.04	98,7%
Dessau	11.19.13	12.38.21	13.58.28	90,1%
Dortmund	11.12.37	12.31.06	13.51.45	93,7%
Dresden	11.20.53	12.40.55	14.01.32	91,8%
Duisburg	11.11.39	12.30.03	13.50.46	94,4%
Düren	11.10.47	12.29.34	13.50.48	96,7%
Düsseldorf	11.11.30	12.30.04	13.50.59	95,1%
Erfurt	11.16.59	12.36.40	13.57.38	93,8%
Erlangen	11.16.12	12.36.57	13.59.03	98,3%
Essen	11.14.12	12.31.50	13.51.23	89,4%
Frankfurt a M	11.13.13	12.33.03	13.54.51	97,9%
Freiburg	11.10.52	12.31.54	13.55.18	98,8%
Fürth	11.16.05	12.36.56	13.59.08	98,8%
Gelsenkirchen	11.12.10	12.30.35	13.51.13	93,9%
Gera	11.18.24	12.38.20	13.59.18	93,5%
Giessen	11.13.31	12.33.00	13.54.26	96,3%
Göttingen	11.15.51	12.34.51	13.55.25	92,4%
Hagen	11.12.30	12.31.06	13.51.53	94,3%
Hamburg	11.17.28	12.34.44	13.53.25	85,6%
Hamm	11.13.12	12.31.38	13.52.08	93,0%
Hannover	11.16.14	12.34.29	13.54.16	89,6%
Heidelberg	11.12.51	12.33.12	13.55.33	99,9%
Herford	11.14.37	12.32.54	13.53.01	91,2%
Herne	11.12.18	12.30.44	13.51.22	93,8%
Jena	11.17.45	12.37.33	13.58.31	93,5%
Cemnitz	11.19.35	12.39.41	14.00.36	93,1%
Kassel	11.15.07	12.34.13	13.54.59	93,4%
Kiel	11.18.19	12.34.53	13.52.48	82,9%
Koblenz	11.11.55	12.31.18	13.52.56	97,7%
Köln	11.11.33	12.30.22	13.51.30	96,0%
Krefeld	11.11.19	12.29.44	13.50.32	94,8%
Leipzig	11.19.02	12.38.38	13.59.11	91,8%
Leverkusen	11.11.38	12.30.22	13.51.24	95,6%
Lübeck	11.18.36	12.35.41	13.54.01	84,2%

	Beginn der Finsternis	Maximum der Finsternis	Ende der Finsternis	Grad der Bedeckung
Ludwigshafen	11.12.30	12.32.44	13.55.02	99,8%
Magdeburg	11.18.34	12.37.23	13.57.17	89,5%
Mainz	11.12.36	12.32.25	13.54.18	98,4%
Mannheim	11.12.34	12.32.49	13.55.07	99,8%
Mönchengladb.	11.11.05	12.29.35	13.50.29	95,3%
Mülheim a.d.R.	11.11.48	12.30.15	13.50.59	94,4%
Münster	11.13.09	12.31.20	13.51.36	92,2%
Neuss	11.11.22	12.29.54	13.50.49	95,2%
Neuwied	11.11.47	12.31.06	13.52.40	97,5%
Nürnberg	11.16.12	12.37.04	13.59.17	98,8%
Oberhausen	11.11.46	12.30.09	13.50.50	94,2%
Oldenburg	11.14.53	12.32.13	13.51.23	87,8%
Osnabrück	11.13.56	12.31.57	13.51.56	90,9%
Passau	11.19.24	12.41.23	14.04.01	99,9%
Potsdam	11.20.44	12.39.29	13.58.58	87,7%
Recklinghausen	11.12.22	12.30.44	13.51.18	93,6%
Regensburg	11.17.30	12.38.55	14.01.22	99,5%
Remscheid	11.12.00	12.30.40	13.51.36	95,0%
Rostock	11.20.39	12.37.43	13.55.42	82,7%
Salzgitter	11.16.58	12.35.32	13.55.29	90,0%
Schweinfurt	11.15.20	12.35.35	13.57.22	97,3%
Schwerin	11.19.23	12.36.47	13.55.17	84,5%
Siegburg	11.11.43	12.30.42	13.51.58	96,4%
Siegen	11.12.52	12.32. 0	13.53.11	95,7%
Solingen	11.11.51	12.30.31	13.51.28	95,1%
Trier	11.10.15	12.29.48	13.51.54	99,8%
Wiesbaden	11.12.36	12.32.21	13.54.12	98,2%
Wilhelmshaven	11.15.07	12.32. 6	13.50.54	86,6%
Witten	11.12.23	12.30.54	13.51.37	94,1%
Wuppertal	11.12.04	12.30.40	13.51.32	94,7%
Würzburg	11.14.46	12.35.08	13.57.09	98,3%
Zwickau	11.18.55	12.39.02	14.00.04	93,7%

Grundlegende und weiterführende Literatur

Hans Georg Gundel: Zodiakus – Tierkreisbilder im Altertum, Stuttgart 1992.

Wolfgang Held (Hrsg): Sternkalender 1999/2000, Dornach 1998.

Wilhelm Hoerner: Zeit und Rhythmus – Die Ordnungsgesetze der Erde und des Menschen, Stuttgart 1993.

Frits Hendrik Julius: Die Bildersprache des Tierkreises, Stuttgart 1991.

Bernd Roßlenbroich: Die rhythmische Organisation des Menschen – Aus der chronobiologischen Forschung, Stuttgart 1994.

Joachim Schultz: Rhythmen der Sterne, Dornach 1963.

Guiseppe Maria-Sesti: Die Geheimnisse des Himmels, Köln 1991.

Rudolf Steiner: Menschenfragen und Weltenantworten, GA 213, 2. Vortrag, Dornach 1987.

Rudolf Steiner: Aus der Akashaforschung, GA 148, 2. Vortrag, Dornach 1992.

Elisabeth Vreede: Astronomie und Anthroposophie, Dornach 1980.

Der Almanach zur Sonnenfinsternis

Nahe der Sonne

Eine Lesereise mit Texten zur Sonne
aus Büchern der Verlage
Freies Geistesleben und Urachhaus.
Herausgegeben von Andreas Neider

128 Seiten mit 9 Farbabbildungen,
kartoniert

Aus Anlaß der Sonnenfinsternis am 11. August 1999 haben die
Verlage Freies Geistesleben und Urachhaus aus ihren Program-
men Texte zur Sonne zusammengestellt, die den Lesern das
Tagesgestirn auf vielfache Weise näherbringen.

VERLAG FREIES GEISTESLEBEN

THEODOR SCHWENK

Das sensible Chaos

Strömendes Formenschaffen
in Wasser und Luft

*144 Seiten, 88 Fotos auf Tafeln, zahlreiche
Zeichnungen, Leinen mit Schutzumschlag*

**Das Buch, das die Wende zu einem neuen Verständnis des
Wassers einleitete.**

«Lange bevor die Chaostheorie entstand und populär wurde,
gewann Theodor Schwenk bereits die fundamentale Einsicht
in die Wechselbeziehungen zwischen Chaos und Formentste-
hung … Seine Arbeit ist bis heute unübertroffen.»

*Ralph Abrahan, Professor für Mathematik,
University of California*

VERLAG FREIES GEISTESLEBEN